U0226694

[口袋版]

崔玉涛
图解家庭育儿

· 小儿生长发育

· 崔玉涛 / 著

人民东方出版传媒
东方出版社

崔大夫寄语

从 2001 年起在《父母必读》杂志开办"崔玉涛医生诊室"专栏至今，在逐渐得到社会各界认可的同时，我也由一名单纯的儿科临床医生，逐渐成长为具有临床医生与社会工作者双重身份和责任的儿童工作者。我坚信，作为儿童工作者，就应有义务向全社会介绍自己的知识、工作经验和体会。

从 2006 年开办个人网站，到新浪博客之旅，又转战到微博，至今已连续 1400 多天没有中断每日微博的发布，累计发布微博达 6100 多条，粉丝达到 550 万。在微博内容得到众多网友的青睐之时，我深切感受到大家对更多育儿知识的渴求。微博虽然传播速度快，但内容碎片化，不能完整表达系统的育儿理念。于是，2015 年 2 月 5 日成立了"北京崔玉涛儿童健康管理中心有限公司"，很快推出了微信公众号"崔玉涛的育学园"和育儿 APP"育学园"，近期又在北京创立了第一家"崔玉涛育学园儿科诊所"。其目的就是全方位、立体关注儿童健康，传播科学育儿理念，为中国儿童健康服务。

为了能够把微博上碎片化的知识整理成较为系统的育儿理论，在东方出版社的鼎力帮助和支持下，经过一定的知识补充，以漫画和图解的形式呈现给了广大读者。这种活跃、简明、清晰的形式不仅是自己微博的纸质出版物，而且能将零散的微博融合升华成更加直观、全面、实用的育儿手册。本套图书共 10 本，一经面世就得到众多朋友的鼓励和肯定，进入到育儿畅销书行列。为此，我由衷感到高兴。这种幸福感必将鼓励我继续前行，为中国儿童健康事业而努力。

此次发行的版本，就是为了满足更多朋友的需要，希望将更多的育儿知识传播给需要的人们。我们一道共同了解更多育儿理念，才能营造出轻松、科学养育的氛围。我的医学育儿科普之旅刚刚启程，衷心希望更多医生、儿童健康工作者、有经验的父母加入进来，为孩子的健康撑起一片蓝天，铺就一条光明之路。

2016 年 9 月 18 日于北京

目录
contents

1

婴幼儿生长和发育历程

2 崔医师解评传统育儿误区

3 孩子生长发育过程中经常出现的问题

5 附录

1 婴幼儿生长和发育历程

婴幼儿的生长

婴幼儿的生长指各器官、系统、身体的长大，是量的变化，可以用度量衡测定，有相应测量值的正常范围。

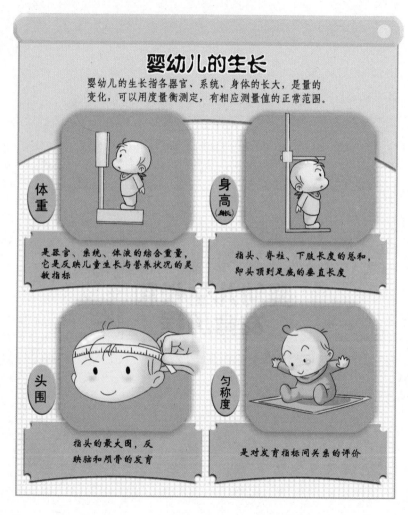

体重

是器官、系统、体液的综合重量，它是反映儿童生长与营养状况的灵敏指标

身高（身长）

指头、脊柱、下肢长度的总和，即头顶到足底的垂直长度

头围

指头的最大围，反映脑和颅骨的发育

匀称度

是对发育指标间关系的评价

正确监测孩子的生长发育

孩子的生长发育状况是衡量健康的标准，体重、身长和头围往往是衡量婴幼儿生长发育的具体指标。

判断孩子生长是否正常，绝对不是根据一次的测量结果。家长可以通过世界卫生组织的网站（http://www.who.int/childgrowth/standards/en/）获得生长曲线，生长曲线由很多条等同线组成，从下至上，分别代表第3、15、50、85和97百分位，其中第50百分位代表人群的平均水平。家长可将孩子从出生至现在所有能够得到的不同时间的身高、体重、头围的测定值画在曲线上，长期坚持下去才能看出孩子的生长轨迹是否正常。

每个孩子出生时所在生长曲线的位置是不可选择的。孩子今后的生长，特别是2~3岁之前，应该以生长曲线作为比较的基础。如果生长正常，家长不要轻易因为大便偏稀或偏干、食量偏少、胃口不佳等不重要的事情给孩子长期间断服用药物或营养品；当然也没有必要进行抽血检查微量元素，微量元素不能客观反映婴幼儿发育状况。任何时候，肯定有一半的孩子会低于平均水平，所以家长不要认为低于平均水平就有问题，就是"不达标"，就应该补钙等微量元素。只要孩子接受均衡营养、按应有的轨迹生长就是正常。只要曲线轨迹在同一水平，就是正常。不要认为平均值是可接受的最低限。

老公，这台秤是不是不准？去给我买个新的回来，给宝宝称体重！

测量体重时，不要苛求体重秤的准确度，只要使用同一台秤，体重的变化值即有价值。

婴幼儿体重增加趋势

关键年龄	实际体重（kg）	体重增加（kg）	与出生时比较（倍）
出生	3		
满3个月	6（±）	3	2
满1周岁	9（±）	3	3
满2周岁	12（±）	3	4
2周岁后至青春期前	2kg/年		

婴幼儿体重增长规律

体重是婴幼儿器官、系统、体液的综合重量，它是反映婴幼儿生长与营养状况的灵敏指标。

婴儿诞生时平均体重为 3.3 千克左右，出生前半年的婴儿体重增长较快，尤其是头两个月体重每天增加 20～30 克。出生后第一年是小儿体重增长最快的一年，为生长的第一个高峰。在这个高峰期内，体重增加速度随年龄增长而减慢，前 3 个月体重的增加约等于后 9 个月的体重增加，并非一个匀速增长过程。1 岁以后孩子的体格发育速度有所减缓，但在 1～2 岁内，体重仍然呈稳步增长，一年平均增长 2.5 千克左右。

婴幼儿乃至成人，体重受遗传的影响比较小，受营养、身体健康状况等因素影响比较大。比如，疾病时体重会迅速下降，好转后又快速回升。对婴儿来说体重与喂养关系很大。（关于喂养与体重的关系，请参考《崔玉涛图解家庭育儿 5（口袋版）：小儿营养与辅食添加》。）

孩子体重的增长存在着显著的个体差异，而且增长速度不可能以"绝对增长克数"衡量，所以要使用生长发育曲线。如果体重偏离同龄正常孩子的生长发育曲线了，要寻找原因。在此提醒家长要定期给宝宝测量体重，按照体重曲线图分析宝宝体重增长的情况，这是监测宝宝生长发育是否正常的重要途径。孩子体重增长过快或过慢都要引起重视。

身高（身长）的测量方法：

3岁以下：需用卧位测量身长。

注：测量身长时，可将睡熟的孩子置于平卧，测到的头顶至脚跟的距离即是身长。

2岁和2岁以上：需用立位测量身高。

婴幼儿身高增长规律

身高（身长）指头、脊柱、下肢长度的总和，即头顶到足底的垂直长度。

身高（身长）有其增长规律，婴儿诞生时身长 50cm 左右，出生后第一年增长最快，约 25cm，为生长第一高峰；随后身长（身高）增加速度随年龄增加而减慢，前 3 个月的身长（身高）增长约等于后 9 个月身长（身高）的增长。也就是说，婴幼儿的身长（身高）发育同样也是一个非匀速增长过程。

此外，不同时期身高的增长还存在着个体差异，所以孩子生长的快慢不是与其他人比较，而是应该借助生长曲线与孩子过去相比。选择儿童生长曲线，将能够记住的孩子已往的身高按照当时孩子的年龄画在曲线上，再将各点连成线，这样家长就可观察到孩子的身高是否以曲线所标示的速度在生长。

每个孩子都有自己生长的轨迹，这个轨迹应与生长曲线的变化趋势相符。孩子长得快与慢不是家长能够很清楚地感觉到的，需用科学的评判标准——婴幼儿生长发育曲线作为依据。依据儿童生长曲线，如果发现孩子的生长过快或过慢，都应看医生，寻找其原因。

与体重相比，婴儿的身高（身长）变化相对稳定，急性疾病等问题不会影响到身高。如果身高生长出现缓慢，说明存在问题的时间较长。一般来说，孩子身高长得慢，家长最先怀疑的是孩子缺少微量元素。实际上，这种情况应该与微量元素无关，首先应该考虑与喂养有关。应该注意几点：孩子进食的数量、种类、性状，以及消化吸收状况，再有是否存在异常丢失（比如，过敏、先天

婴幼儿身高（身长）增加趋势

关键年龄	实际长度	身长（身高）增加
出生	50cm	
满3个月	61～62cm	11～12cm
满1周岁	75cm	13～14cm
满2周岁	85cm	10cm
2周岁后至青春期前		5～7cm/年

崔大夫，全家人都想让孩子长高点，要补钙或怎么做才有效？

孩子今后的身高与遗传有相当密切的关系，当然后天营养也是很重要的，但是仅仅补钙不一定能使孩子长得更高，如果钙补充过量，除了可导致孩子出现便秘，还可导致钙质沉着在人体其他脏器中，导致不该出现的肾结石、脑钙化等，希望家长不要太过于依赖钙，还是老话，应该依赖于平衡饮食。

性疾病等）。对于不到 2 岁的孩子最好能够保证每天至少 400 毫升配方粉，再有保持 3 次固体食物，注意食物性状。

家长都希望孩子长得高，但身高还受到遗传等因素的影响。而且早期生长过快并不意味着今后就会是大高个儿，反倒意味着孩子今后出现肥胖的机会明显增加。除遗传因素以外，后天的喂养和运动也是影响身高的因素，孩子的生长发育有其自身的规律，家长不要为了想让孩子长高就给孩子喂养过度。

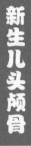

新生儿头颅骨

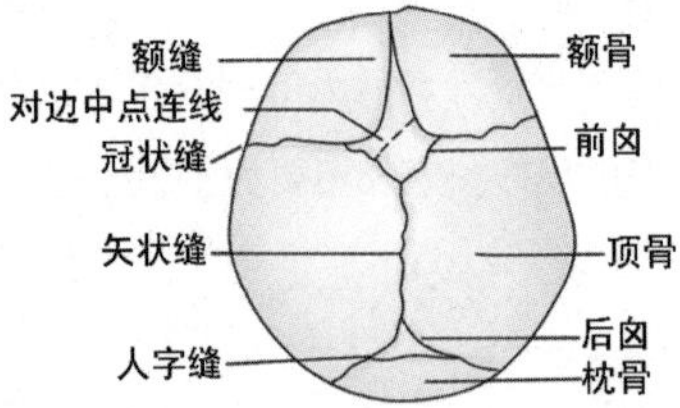
额缝
额骨
对边中点连线
冠状缝
前囟
矢状缝
顶骨
后囟
人字缝
枕骨

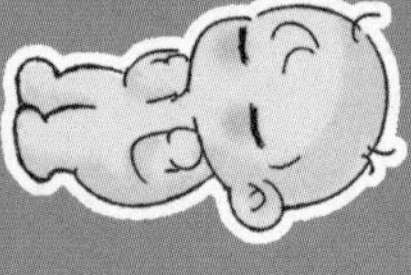

自然分娩引起的颅骨塑形有可能出现宽颅缝、小前囟的现象。

囟门和骨缝大小及闭合时间

	出生（cm）	闭合年龄
前囟	1.5～3	1～2岁
后囟	0.5	1～2月（部分出生即闭）
骨缝	还可触及	3～4月

注：前囟对边中点连线的长度就是囟门的大小。

● 婴幼儿颅骨发育与头围

婴儿出生后头颅骨不像成人那样已融合成一块，而是由多块骨骼组成的，每块骨骼间存有缝隙，并且可以在一定范围内移动。出生后相当长一段时间，婴儿的颅骨都处在没有融合的状态，细心的家长可以摸到骨缝或轻度颅骨重叠。有的孩子头顶上会出现一道颅骨凸起，那是分娩时形成的颅骨重叠，随着长大会自然消失。

多块骨骼交界处存有菱形区域，称为囟门，分成前囟和后囟。后囟小，一般会于生后 3 个月生理闭合；颅缝一般于生后 6 个月闭合；前囟较大，一般会于生后 18～24 个月闭合。囟门过早闭合不利于大脑的发育。前囟能够反映大脑的一些问题。当颅骨内压力过高时，可以看到前囟膨隆；当颅内压力过低时，可见前囟凹陷。引起颅内压力增高的可能是剧烈哭闹、脑炎或脑膜炎等；引起颅内压力减低的可能主要是脱水。在前囟闭合前，每块颅骨间的骨缝还存在。判断前囟是否小或闭合前，应检查颅缝。囟门闭合后，意味着多块颅骨融合成一个头颅骨。

经常会有家长关注孩子的囟门闭合情况，担心囟门会过早闭合。其实，评定婴儿头颅，不仅要测量前囟，还要关注颅缝和头围。观察头围增长最为重要。只要头围增长正常就不必担心。头围指头的最大围径，反映脑和颅骨的发育。只要头围平稳正常增长，就会间接反映大脑发育正常，不用担心在何水平。头围过大或突然增长过快并不正常，有可能是脑积水或脑肿瘤；头围过小

头围

指头的最大围径
反映脑和颅骨的发育

婴幼儿头围增长趋势

年龄	实际头围（cm）	增长（cm）
出生	34	
满3个月	40	6
满1周岁	46	6
满2周岁	48	2
满5周岁	50	2
满15周岁	53～54	3～4

注：测量双眉、双耳尖和枕骨粗隆（枕后后骨性凸起部位）的连线即是头围。

 **头围异常**

头围过大或突然增长过快：
可能脑积水、脑肿瘤等

头围过小或者不能正常增长：
可能脑发育不良、小头畸形等

或者不能正常增长，有可能是脑发育不良或小头畸形。

出生后婴儿不够对称的头型需要经过数月才能逐渐恢复正常。判断婴儿大脑发育必须结合头围、前囟、颅缝的测量，加上大脑和神经系统发育情况。不要仅依其中某一项断然判断婴儿大脑发育，比如：前囟门过小等。只有全面评估才可了解婴儿脑发育。

婴幼儿乃至成人，头围与身高、体重的关系不一定成同比例。体重最容易变化，疾病时会下降，好转后快速回升。身高变化相对稳定，急性问题不会影响到身高。如果身高生长出现缓慢，说明存在的问题时间较长。头围只要平稳增长就是正常，不用担心在什么水平，但头围增长过快并不正常。

婴儿的几种头型

尖头

偏头

扁头

对于歪着睡觉的孩子，一定要区别是因为"斜颈"问题出现的歪头，还是习惯所致。由于怀孕期间胎儿的姿势及分娩过程颈部肌肉受到牵拉，继之出现肌肉血肿，都可导致孩子颈部两侧肌肉张力不等。建议到医院小儿骨科检查，确定原因，针对解决。如确定是斜颈，尽早采用物理按摩会有明显效果。

孩子现在两个半月，以前总是歪着睡觉，结果把头睡偏了，现在纠正还来得及吗？

💭 婴儿的头型

出生后头 1 年内，婴儿的头生长非常快，随着颅骨的生长，其形态也会逐渐发生变化。因此，将婴儿反复置于某一特殊体位，会压迫局部的颅骨使之变平。与儿童和成人不同，婴儿还没有固定的头型，其头型——颅骨形态的变化范围和变化速度是令人吃惊的。

在出生之前，婴儿的颅骨经历了以下变化：接近分娩期的几天或几周内，婴儿将头朝下、慢慢地降入妈妈的骨盆内，颅骨也就慢慢地适应了妈妈骨盆的形状。继之，出生过程也会对颅骨造成一定程度的挤压（即使剖宫产也是如此）。上述种种原因导致新生婴儿的头都是尖状的，这种现象被称为颅骨塑形。

出生后，婴儿的头型会受到睡眠姿势的影响。婴儿经常以同一体位睡觉时，着床部位的颅骨会受到头部重量的压迫，如果头部位置不定时变换，反复受压部位的颅骨就会变扁平。家长可以利用婴儿颅骨的这种特点，通过调整孩子的睡眠姿势，来塑造符合自己审美观的头型。孩子趴着睡觉，总是侧头，今后脸可能相对较窄，头的前后径相对长；如果总是平躺着睡觉，今后脸相对宽，头较平。我的观点是顺其自然即可。

如果婴儿的睡眠姿势比较固定，家长就需要注意了，是否与"斜颈"有关，应该从颈部检查起。如果出现偏头 / 歪头，6 个月内婴儿可通过体位调整进行纠正；6 个月后偏头严重，才需要考虑特制头盔纠正。偏头有时继发于斜颈，早期发现并纠正斜颈很重要。

孩子的与骨骼发育

孩子的高矮是由骨骼发育决定的。

与身高相关的骨骼有头颅骨、脊柱骨和下肢的长骨三部分，其中下肢骨的长短起决定性作用。

出生后第一年头部骨骼生长最快，脊柱次之，四肢最慢，而到了青春期时则下肢增长最快。

孩子的动作发育应与脊柱的发育相适应，即孩子2~3个月大时会抬头，6~7个月大时能独坐，8~9个月时会爬，10~11个月时能站立，12~16个月时能走路。若没到相应的月龄，孩子不宜过早地学坐、学站，以免引起脊柱的过度屈曲，这将会影响其身高。

婴幼儿骨骼发育

经常会被家长问及孩子的骨密度不足是不是因为缺钙。对婴幼儿来说，骨密度反映生长速度，与缺钙关系不大。

骨密度代表骨内钙质沉着的状况。从表面上看，骨密度低代表骨内钙质沉着不够。但因为婴幼儿处于生长高峰期，骨骼处于拉长、增粗的过程，促使骨骼生长的激素——骨碱性磷酸酶必然增高，单位容积内钙质自然偏低，即骨密度低。对于生长发育旺盛的婴幼儿来说，骨密度的"低下"并不意味着缺钙。

相反，相对低下的骨密度才有可能使更多钙质不断进入骨骼、逐渐沉积，支持骨骼，骨骼才可不断拉长。此时，母乳、配方粉喂养、均衡的婴幼儿辅食（如婴儿营养米粉）等都可提供充足钙质。骨生长不仅仅依赖钙，还需要均衡的营养。母乳喂养婴儿应补维生素D，以调控进入骨骼内的钙量，仅补钙不能获得预想效果。若生长发育正常，就意味着骨骼正在生长，也就是正处于拉长过程，是非常好的迹象，与缺钙无关。

但也并不是说骨密度正常就代表孩子长得慢。婴幼儿的生长不是真正的"斜坡"样生长，而是类似"阶梯"状，也就是说，生长速度有时快些，有时慢些。生长快速时，骨密度相对偏低；生长慢速时，骨密度相对偏高。这就是为何多次给孩子测定骨密度会有不同结果的原因。提醒家长们要观察孩子的生长状况，不要被一些测定值牵着走。

生长痛

2~3岁及以上的儿童有时会出现腿痛或腹痛。

这种痛的特点是不影响正常吃喝、玩耍和睡眠，常出现于吃饭前、睡觉前等安静状况时。孩子安静时，诉说的轻度腿痛或腹痛，常为生长痛，属良性生长问题，不需药物治疗，可食入富含钙的食物。

富含钙的食物主要是牛奶。

任何年龄的孩子每天都要喝适量牛奶。

值得一提的是，对不同年龄的人群，同样的骨密度检测结果意义不同。对中老年人群，骨密度偏低提示应增加钙质摄入，甚至需要一些激素的补充。现在还没有得到不同年龄婴幼儿骨密度的正常值。

牛奶是钙质的最佳来源

牛奶是儿童最好的钙的来源，1ml牛奶里即含有1.2mg的钙，还含有大量优质蛋白质，能为儿童生长发育提供强大助力。

乳牙萌出的顺序

6个月

9个月

12个月

18个月

2岁

2岁半

乳牙共20颗，第一乳牙多于6～10月内萌出；13月
以后未出牙称为出牙延迟；2～3岁乳牙就会出齐。

恒牙萌出顺序

恒牙共32颗，

6岁萌出第1恒磨牙；

7·8岁乳牙按萌出先

后脱落，恒牙代之；

12岁萌出第2磨牙；

18岁以后第3磨牙（智齿）。

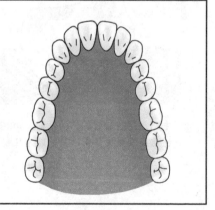

● 婴幼儿的出牙进程

婴儿出生时牙胚就已经存在牙龈中了，而且牙胚还包括了乳牙和恒牙。孩子出生后，就开始进入长牙的过程。这些埋藏于牙龈内部的乳牙，只有穿透牙龈才能萌发出来。

个别婴儿出生时就有 1 ~ 2 颗牙齿，有的婴儿从 4 个月开始出牙，大部分婴儿从 6 ~ 9 个月开始出牙，还有个别孩子到 9 ~ 12 个月才开始出牙。第 1 颗乳牙在生后 18 个月内萌出都属正常，对大部分婴儿来说，门牙最先萌出。平均出牙数量 = 出生后月龄 -6。

婴儿出牙并不按照时间平均长出。有时 1 ~ 2 个月一颗牙都没长，有时几天内可出 3 ~ 4 颗牙。婴儿出牙过程不仅指牙齿萌出前后的时期。出牙的征象通常从出生后几周或几个月内即已开始，一般婴儿出生后 2 ~ 3 个月就可表现出相应的征象了，直至牙齿完全萌出为止。只有 20 颗牙齿全部萌发，出牙过程才算结束。

孩子出牙的时间早晚与"缺钙"等微量营养素缺乏无关。家长不要因为孩子出牙晚或出牙慢而紧张。3 岁时绝大多数孩子能够出满 20 颗牙。每个孩子的出牙过程非常个体化，这与遗传有很大关系，比较会发现孩子的出牙时间与父母当年出牙有类似之处。"牙齿从下牙先萌出，而且成对萌出，左右对称"只是指常见情况，但要关注的是，当孩子出牙后，家长可以使用软布或指套牙刷为孩子清洁牙齿。（关于小儿口腔护理请参考《崔玉涛图解家庭育儿 7（口袋版）：直面小儿护理》第 19 页。）

胎儿期眼睛结构已初步形成，
胎儿在子宫内就能觉察到光亮

新生儿的视力和成年盲人差不多，
只能看到乳房大小和形状的物体

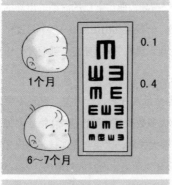

1个月

6~7个月

0.1

0.4

出生1个月的婴儿视力仅为0.1，出
生6~7个月时婴儿的视力提高到0.4

新生儿不仅视力差，而且仅
能区分黑、白、红三种颜色

婴幼儿的视力发育

孩子在胎儿期时眼睛结构已经初步形成，所以他在子宫内就能察觉到光亮。出生后，婴儿眼睛的发育与婴幼儿生长发育同步进行。婴儿出生后眼球形状不对称或歪斜，常被认为屈光不正。婴幼儿眼睛发育过程，就是由不对称的球体逐渐变成对称球体的过程。婴幼儿不仅屈光不正，而且"近视"。

刚出生婴儿的视力跟成年盲人差不多，大约只有 0.04（20/500），换句话说，新生儿只能看到接近乳房大小和形状的物体。出生 1 个月的婴儿视力仅为 0.1。当婴儿长到 6～7 个月时，视力可提高到 0.4（20/50）。新生儿不仅视力差，而且近似色盲，仅能区分黑、白和红三种颜色。达到这个程度已有确切意义了——妈妈乳房是粉红色的。

婴儿出生后，眼睛必须通过学习才会看东西。这种学习是一个循序渐进的过程。婴儿视力发育过程包括：学会聚焦，看清远近物体；学会识别颜色；学会使用双眼看出物体立体状态等。出生后几个星期的婴儿眼睛每天可接受数千张图片刺激，通过这些刺激眼睛逐渐成熟。

眼睛成熟的同时，也逐渐具备了聚焦能力，大脑也开始整合眼睛看到的信息。最初婴儿大脑接收的视觉信号不是双眼同时输入，而是由每只眼分别输入，致使大脑接收到的信号有时会非常奇特。这种奇特现象出现的最常见原因是散视——两只眼睛注视着不同的方向。这种现象将终止于出生后 4～6 周，此后，婴儿还会偶尔出现散视，到婴儿出生后 3～4 个月，此现象可以基本

对3岁以内的婴幼儿进行眼睛屈光检查没有太大的意义，因为眼睛正在发育中。散光是眼睛的一种屈光不正状况，与角膜弧度有关。如果角膜在某一角度区域的弧度较弯，而另一些角度区域则较扁平，就会造成散光。给发育中的婴幼儿下散光的结论为时过早。若婴幼儿真是屈光不正，DHA也没有预防和纠正效果。

孩子在7个月时检查眼睛，说有散光，这正常吗？应该如何纠正？现在孩子已经快1岁了，一直有补充DHA。

消失。

　　只有双眼协调地转动，才能将一致的信息传到大脑。婴儿在这点上还有所欠缺，所以，我们有时会看到婴儿的双眼有些内斜或外斜。其实，这是视力发育过程中的正常阶段。对于婴儿眼睛的体检，主要针对眼睛的运动和协调，以及是否有斜视等，以防今后出现弱视等问题。3 岁时的视力检查才有可能说明问题。

　　经常有家长问，是否可以给婴幼儿看电视，给婴幼儿看电视是否会影响他的视力发育？婴幼儿双眼的视力和分辨率均不成熟，在视力发育中需要接受来自各方面的信息，当然也应包括视频信息。所以我们不建议特小的婴儿看电视。在孩子大一些以后，可给婴幼儿看电视，但必须选择适合婴幼儿的电视节目——动作缓慢、颜色鲜明的婴幼儿动画片。而且每次观看时间不宜过长，每次 25 分钟左右为宜，这也是为何婴幼儿动画片每集时间有限的原因之一。不要让孩子养成偷偷看电视的习惯，这样不利于眼睛发育。

　　另外家长在给孩子看书时，一定要保证书正对着孩子，而不是正对家长，不然孩子需要斜着眼才能看到，会养成不好的姿势。

孩子为何常抓耳朵、拍脑袋？

有的孩子会在没有发烧时抠、抓耳朵或拍、晃脑袋的现象，这些动作不是因为耳朵内进水或感染，也不是积了耳垢，而是因为两侧内耳发育不一致所致。

"内耳"负责掌握人体的平衡。两侧内耳发育不够一致，会使人感到耳朵不适，就像飞机刚降落时我们会感到耳内有东西存在一样。严重的可能出现晕车，表现出对坐车的强烈抗拒或哭闹，甚至呕吐。

这种不适是生长发育过程中出现的众多问题之一，随着生长发育可自行缓解消失。对于孩子的听力不会有任何影响。平时帮助孩子轻轻按摩耳朵即可缓解这种不适。家长可以在平时给孩子坐秋千、转椅等游戏帮助双内耳平衡发育。

婴幼儿的听力发育

初生的婴儿已经具有感觉外界声波的能力，但此时听力还比较低下，待到3～4个月大时就能区分大人的声音了，7～8个月就能把声音和内容联系起来，10～12个月就能辨别声音的方向了。

新生儿出生后都应该接受新生儿听力筛查，听力筛查采用的是耳声发射、耳聋基因筛查、脑干听觉诱发电位或／和行为测听等生理学检测方法。若筛查没有通过，还应该复查。为筛查婴儿听力缺陷，所有新生儿都应接受新生儿听力筛查。

有些孩子对较大的声响没有反应或反应不够强烈，家长不免担忧这是否说明孩子的听力存在问题。事实上用生活中的声音进行测定不能说明问题。若家长确实怀疑孩子听力有问题，应该到小儿耳鼻喉科进行听力检查，听力检测可以给家长准确的答案。

即使通过了筛查，也不意味着一生不会出现听力问题。一生中任何损伤大脑、听神经的因素都可损伤听力。听力损伤并不都是耳聋，不能因为孩子对声音有反应，就认为听力没问题。（关于婴儿的耳朵护理，请参考《崔玉涛图解家庭育儿7（口袋版）：直面小儿护理》。）

头部控制能力的发育

新生儿

6月龄婴儿

婴儿在6个月内不鼓励竖抱，过早竖抱，不利于脊柱发育。

可是不抱他就哭，一抱起来就不哭了，怎么办呢？

横着抱时孩子看到的是天花板，竖抱时看到的是周围环境。孩子不喜欢被横着抱是非常聪明的表现。让孩子趴着，既可看到周围环境，又可锻炼腰背、四肢肌肉和协调性对心肺功能也是锻炼。

婴儿大运动发育：头部控制

"一举头，二举胸"意味着满 1 个月时，孩子在俯卧的情况下可以有抬头的动作；满 2 个月时，不仅可以抬头，而且抬头时胸部也可以离开床面。趴着不仅可促进颈背部肌肉的发育，利于抬头，而且通过刺激全身肌肉协调，促进大脑对运动功能的控制。婴儿常趴着，还会缓解肠绞痛症状。

趴着的时间最好选在睡醒后，吃奶前。清醒状态下，孩子在"趴着"时，会自行调节运动和休息，"趴着"不会"累坏孩子"。家长可以根据孩子的接受状况，可长可短地自行调节趴着的时间。但也千万不要因趴着对婴儿有好处就强迫，结果把"趴着"变成了"惩罚式"运动。需要注意的是，3 个月内的婴儿要慎重选择俯卧的睡姿，以防婴儿猝死。但如有大人的直接看护，也可以让孩子趴着睡觉。

如果孩子满 3 个月，俯卧位时还不能抬头，可能有两种原因，一种是家长从未让孩子尝试过"趴着"的姿势，另一种是孩子神经发育存在问题，与喝配方粉和是否补过钙、补过维生素 A+D 等无关。

还有些家长担心趴着会压迫孩子心脏。其实心脏位于胸廓左侧中部，趴着或躺着对心脏负荷没有明显不同。很多成人趴着睡觉感觉费力，不舒服，那是因为肢体肌肉已适应了平躺体位。有些人长大后仍然一直趴着睡觉，也尚未发现不该有的问题。趴着不会给正常婴儿造成任何损伤。

胖婴儿几乎都不喜欢趴着，甚至一趴即哭。有些是进食过多或过于频繁引

请问多大的婴儿可以趴着？
十多天的新生儿也可以趴着吗？

新生儿出生后就可开始趴着，但未满3个月的
婴儿不建议趴着睡觉，以免出现窒息。婴儿睡
醒后、喂奶前，尽可能多创造机会让他们趴着。

婴儿体重越重，越不愿趴着。趴着的
孩子一般抬头较早，这是因为趴着可
以训练腰背部肌肉，有利于今后运动
功能的成熟。

婴儿趴多久合适呢？

趴着是为了增加孩子的运动，不是惩罚。如果孩子高兴，每次趴着15~30分钟，
甚至更长时间都可以；如果孩子拒绝，就要循序渐
进引导。比如，周围放上一些声响玩具引导等。
一定想尽办法让"趴着"成为愉快运动。

发肥胖，导致孩子抵抗趴着；有些是因脑发育问题引起运动发育落后，出现的因消耗过少导致的肥胖。无论何种原因，对于较胖的孩子，更应该鼓励并循序渐进地延长俯卧时间。

一般来说，如果婴儿的发育正常，从 3 个月开始有翻身动作，甚至可翻身。而有的家长反映孩子已经 3 个多月了，竖抱时头还会后仰。竖抱孩子时出现后仰现象，说明孩子的颈部肌肉发育还不能承受竖立的头。遇到这种情况，停止竖抱。让孩子尽可能多地趴在床上。通过抬头动作逐渐锻炼孩子的颈背部肌肉。只有颈背部肌肉"结实"了，竖抱时才可能承受头部。婴儿在 6 个月以内，不鼓励竖抱。

很多婴儿喜欢被竖着抱，这是因为竖着抱起来时，他的视野会更开阔。横着抱时孩子看到的是天花板，而竖抱时他看到的是周围的环境。孩子不喜欢被横着抱是非常聪明的表现。如果孩子实在哭闹着要竖抱，可以让孩子趴着，这样也可以看到周围环境。当孩子腰背部肌肉、四肢肌肉和协调性发育到一定程度时，自然会过渡到坐和站。

宝宝现在5个半月，总想坐着，不肯躺，老人说坐太早影响脊椎发育，这种说法对吗？

5个半月的孩子还不能自己坐稳，所以让其独坐对脊柱发育不利。不能因为孩子"总想坐，不肯躺"，就让他坐，大人应引导孩子生长，若大人不扶着孩子坐，孩子也不会自己坐。建议让孩子多趴着，既利于腰背肌肉和大脑的发育，又可缓解"想坐"的欲望。

脊柱发育

年龄	动作		肌肉群	脊柱弯曲
3个月		抬头	颈后肌	颈前曲
6个月		坐	腰肌	胸后曲
12个月		走	下肢肌	腰前曲

● 婴儿大运动发育：坐立

一般来说，孩子满 5 个月以后就不满足于继续躺着了，总想自己坐着。这时家长不要为了满足孩子，而让他靠着沙发等支撑物独自坐着，这样对脊柱的发育不利。此时，仍然应该多让孩子趴着，趴着既利于腰背肌肉和大脑的发育，又可缓解"想坐"的欲望。

当孩子能够独立坐在床面并能平衡自己身体的晃动时，就是孩子已经有了独坐的能力，只要是在满 9 个月前完成，孩子的发育就是正常的。

孩子出生后，刚开始出现的是大运动，比如新生儿出生后，医生会检查他的反射能力，这些反射都属于大运动。我们经常看到小宝宝伸胳膊蹬腿，也属于大运动。超重是延迟大运动发育的原因之一。如果在应该独坐的阶段孩子做不到，一定鼓励孩子多趴着。趴着可以锻炼孩子的腰背部肌肉，以及肢体的协调。趴着也有利于控制体重增长。

"一举头，二举胸，三翻六坐"，实际上这些都是大家总结出来的孩子大运动发育的规律。从这些可以看出，孩子大运动发育是水到渠成的事，什么时候会坐，什么时候会站等都不是训练出来的，而是顺其自然的。家长一定注意，不要拔苗助长，要顺应孩子的发育规律。

崔大夫，几个月
让孩子"学"站
好呢？

首先要明确，孩子的"坐、站、走"等都不是学
出来的，而是随着发育水到渠成的。过早帮孩子
"学"坐、站、走，会对脊柱、下肢造成没必要
的损伤。有些罗圈腿就是过早站立所致。
家长千万不要主动扶着
孩子学站、坐、走，不
要互相攀比。每个孩子
有自己的发育历程。

一位6个月宝宝的父母高兴地告诉我，孩
子可以在学步车里走路了！经过体检，孩
子还不能独立坐，不能趴和爬，谈何走呢？
拔苗助长，让孩子过早站、走、蹦，对孩
子脊柱、下肢发育非常不利。不要以"孩
子喜欢"作为理由，孩子生长引导该由大
人负责！

婴儿大运动发育：爬、站、走

体检时医生会在婴儿趴着时顶着他的双脚，看他是否有要爬的欲望，这只是为了检查孩子的神经反射。对正常婴儿不需要强迫进行爬行训练，婴儿到6~8个月时才会有自主爬行欲望。如果孩子到10个月还不会爬，家长应该带孩子到医院检查，以确定神经和下肢肌肉发育是否有问题。如果婴儿爬得不够"标准"，即不是手膝爬，可以多给孩子练习爬的机会。如果孩子不喜欢爬，而只想站，说明发育没什么问题。但还是应尽可能创造机会多让孩子爬。

孩子是否可以站立，除了与孩子是否有站立的意识和能力有关，还要注意孩子站立时的姿势。如果脚掌能轻松着地，同时又能自己扶着物体站立，才能鼓励他练习站立。一般在10个月后才会有这样的能力。会站还有一个前提，就是孩子能平衡身体自主的晃动。只要脚跟能轻松着地，身体平衡也能控制得很好，就不会出现站走引起的下肢发育问题。

孩子站立时，如果是脚尖着地，说明还未达到站立的阶段，不要扶着婴儿站立，否则对婴儿脚弓、下肢肌肉发育不利。而且，一旦形成习惯，会影响走路的姿势。还是应该多让孩子趴着，学会爬，婴儿就逐渐会坐、会站、会走了。一般来说，孩子在一岁之前会站，大动作发育就是正常的。

会走是在会站的基础上完成自身的位移而不跌倒，2岁完成即可。家长注意观察孩子是否会站、会走，不是仅观察孩子是否能站起来，能向前迈步，而是重点观察孩子站、走的姿势。

孩子的语言发育

1~2月：
咿呀学语

2~6月：
笑和尖叫

8~9月：
类似"妈妈/爸爸"的声音

10~12月：
会叫"爸爸/妈妈"

50%

18~20月：
20~30个简单字；理解陌生人50%以上的语言

75%

22~24月：
连续两个字的短语；50个以上的单字；理解陌生人75%以上的语言

30~36月：
理解陌生人全部的语言

如何诱导孩子说话？

当孩子用手势或表情提出要求时，家长即使理解，也故意"犯错"，孩子"着急"时，家长可以用语言询问，然后再满足要求。比如孩子要喝水，家长故意给他拿玩具，过会儿后突然"明白"，并对孩子说："告诉妈妈喝水，妈妈就会明白。"几次后孩子就会明白说话是最容易满足自己要求的动作。

孩子的语言与交际能力发育

语言是人类特有的生理功能。孩子的语言发育需家长不厌其烦地示范。从出生开始，就要有语言的刺激，比如：现在给宝宝洗澡；给宝宝换尿布等。只是喂饭时家长不要说话。反复语言和动作的结合，使孩子逐渐产生语言和实物或动作的联系。从小引导孩子动作和语言不可分割。父母嘴勤，孩子今后说话能力就强。

要想孩子的语言能力发育得好，爸爸妈妈要多示范、多说。慢慢地，孩子也会学着用他的语言来表达感情。有的爸爸妈妈让孩子看电视学说话，其实那样做不仅不能发展孩子的语言能力，反而会影响到他的语言表达。因为语言是要互相交流的，电视无法做到这些。你和孩子交流时，他实际上接收到的并不仅是你说出的那些话，还有你的表情、你声音的高低、你的语言，以及你说话的场合等，这些方面综合在一起，慢慢地就能让孩子对语言以及语言环境、说话的表情等有一个立体的理解。

鼓励孩子说话非常重要，因为说话是非常重要的交流工具。不怕孩子反应慢点，这只是开始。在家一定鼓励孩子多说话。在孩子学说话过程中，家长一定要有耐心，不要着急，也不要笑话孩子。切忌出现适得其反的效果。要做到与人多交流，首先父母要尽可能多陪孩子玩，包括游戏、读书等。不一定每次都是到人多的地方。

现在家长替婴幼儿说话的机会太多。因为家长能完全理解孩子的表情、手

3岁的小朋友，可爱，聪明，喜欢与大人打招呼，与大人玩，非常不愿与同龄孩子玩，甚至不愿意去幼儿园。

孩子应学会社交，学会与大人交流，更应学会与同龄孩子交流。孩子不愿与同龄孩子玩，很多时候与大人有关，大人应该积极引导。

上幼儿园是为了增加社交和自主管理能力，可不仅仅为了学习"知识"。

势，孩子一个表情、一个手势，家长立刻满足所有需求，造成婴幼儿说话机会减少，甚至不用说话即可满足需求。孩子的说话能力必须在两岁半之前完全建立，否则以后发音会出现问题。一位 5 岁儿童前来体检，就因家长过度照顾，导致开始说话晚，至今发音仍浑浊。

对人类来说，社交极为重要。社交能力的培养需要家长做表率。如果家长平时不爱与周围人打招呼，孩子就不愿与其他小朋友玩。家长平时待人接物的态度，决定了孩子社交能力的发育。孩子是我们自身的镜子，孩子的缺点往往是我们成人"不足"的体现，每位家长应该与宝宝一同成长。

培养孩子的社交能力，可以从宝宝很小的时候开始。比如，别人来看他时，要告诉他："叔叔阿姨来看你了，跟叔叔阿姨握个手。"家里来了客人，爸爸妈妈除了热情接待，别忘了把孩子也介绍给客人，抱着宝宝和客人聊天。不要认为孩子还小，不用接触这些，家里来人了就把他带到别的屋子里，这样他就无法学会与人交往。爸爸妈妈还要告诉宝宝哪些行为是好的，哪些行为是不好的，以及怎样和别人分享、合作，怎样向别人道歉，帮助别人等。

另外，还有的孩子愿意与大人玩，不愿意与同龄孩子玩。孩子不但需要与大人交流，更应学会与同龄孩子交流。孩子不愿与同龄孩子玩，很多时候与大人有关。可能因为和同龄孩子玩时受过小挫折——玩具被别的孩子抢过，被推倒过等。遇到孩子受"欺负"时，家长虽心疼，也应带着孩子来到"欺负者"面前，教孩子们如何交朋友——如何拉手，如何拥抱等。这样既解除了自己孩子的恐惧，也教会了"欺负者"如何与别人交往。

婴儿的精细运动发育

小运动代表精细动作，比如手指功能、微笑动作、抚摸动作等。

这些精细动作的发育需要成人引导。家长关注孩子时通过微笑可引导孩子对待亲近的人以微笑表示。

家长轻轻用手抚摸孩子可引导孩子对待亲近的人用抚摸表达。还可以通过给孩子接触细小物品，触发孩子手指精细运动的发育。

2 崔医师解评传统育儿误区

孩子比同龄的宝宝吃得多，吃得胖，现在才6个月，都有人家9个月大了！

每个人，包括每个婴儿在内，其胃肠消化吸收能力、体内代谢状况均不完全相同。所以，他们对进食量的需求也会有差距。进食是否充足，应先看生长的结果，比如身高、体重，再讨论喂养过程。现在很多人把喂养过程放在首位，常与他人比较。我们应借助生长曲线，重点关注生长结果，进行自身纵向比较。

经常会听到有些家长说"觉得孩子偏瘦"或"觉得孩子偏胖"，这种由互相比较得来的结论都是不科学的。实际上，3岁之内的生长发育不能横向比较，因为每个孩子都有各自生长发育的轨迹。

认为孩子吃得多、长得胖就好

很多家长希望宝宝"超平凡"生长发育，认为自己孩子比别的宝宝吃得多、长得胖、长得快就好。有的家长认为自家6个月的孩子长得像9个月大，会因此而自豪，或者9个月的孩子要穿15个月婴儿的衣服才合适，让家长觉得非常荣耀。

每当面对这些家长，我真的不忍心告诉他们，这种过快生长不是健康的标志，反而预示着今后出现肥胖的可能性极大。世界卫生组织多次强调肥胖和生长迟缓都属于营养不良。如果孩子生长速度过快，应考虑孩子是否存在摄入蛋白质过多、进食量过多、活动量过少等问题；如生长缓慢，则应考虑孩子是否进食量不足、吸收消化不良等。

生长速度过快或过慢都要向医生咨询，要根据生长发育曲线在医生指导下调控孩子的身体发育。以生长发育曲线作为蓝本，纵向、连续地了解孩子生长轨迹，才能做出合理的评估。现在有一批孩子生长过速，还有一批生长缓慢，这些儿童都需要被关注。

每个孩子有着自身的生长发育历程，家长"望子成龙"的心情可以理解，但"拔苗助长"的做法对孩子却没有益处。

宝宝5个月了，下牙已经长出两颗。他口水从3个月开始特别多，这是正常现象吗？要到什么时候才会好点？

长牙和出牙期间经常流口水是常见现象，有两方面原因：一方面是出牙时口腔不适；

另一方面是婴儿吞咽口水能力弱，还不太会自主吞咽口水。

流口水会造成口腔周围和下颌皮肤因口水刺激出现皮疹，甚至破溃。可在婴儿睡觉时，用温毛巾轻擦局部后，涂些润肤露。流口水现象会在婴儿1岁后逐渐减少。

认为孩子出牙越早越好

比较孩子之间生长发育的异同，是家长自觉与不自觉的日常"工作"。孩子出牙的早晚快慢更是家长们津津乐道的话题。

实际上，每个孩子长牙的历程并没有可比性。出牙起始时间不同，出牙顺序不同，出牙引起的反应不同，同龄婴儿牙齿数量也不同。孩子出牙的顺序也没有固定模式，出牙的速度节奏也因人而异。

在评价孩子的出牙情况之前，家长一定要全面了解自己孩子生长发育的全部情况，首先纵向了解身长、体重、头围等指标的近期变化；其次，了解孩子牙齿萌出、囟门缩小情况；还有大运动发育、小运动发育、进食量和喂养行为、语言等众多发育状况。若孩子的其他生长指标都正常，即使出牙慢点也不必担心。

另外，有些孩子出生后不久牙龈上有白色的粒状附着物，这个俗称"马牙"，是增生的结缔组织，属于正常现象，不会影响今后牙齿生长，也不需治疗，会自行脱落。千万不要人为去掉，以免造成牙龈感染、面部感染甚至败血症。

宝宝4个月大，特别喜欢被大人扶着腋下颤着玩儿，每当别人这么逗他别提多开心了！

家人都喜欢这样逗他！

扶着4~5个月宝宝的腋下站在大人腿上，是一种错误的方式。

家长可以注意一下孩子的姿势——脊柱是弯曲的，双腿不能伸直，双脚尖着地。这样的姿势对婴儿的发育没有良性效果。

当孩子发育到一定阶段，就会自己扶着窗栏等站立。

婴儿不懂事，所以才要家长引导。

过早干预孩子的大动作发育

常见月嫂、保姆在家给孩子进行"早期婴儿训练",比如:让1个月的婴儿趴着,推着双腿往前爬;让4个月的婴儿双手撑在床面上学坐;托着孩子腋下,让1~2个月的婴儿学走路等。

这些是检测婴幼儿神经发育状况的项目,是医生对孩子进行的一些测试,比如:满月时,医生双手托住婴儿腋下,进行踏步反射测试以了解神经发射状况。类似这样的测试并不是考核发育结果,更不应成为家庭训练项目。现在很多医院测试项目流入家庭成为训练项目,对婴幼儿实际上存在有潜在的损伤。

在此强调,"坐、站、走"等都不是学出来的,而是随着发育水到渠成的事。过早帮孩子"学"坐、站、走,会对脊柱、下肢造成没必要的损伤。有些罗圈腿就是过早站立所致。提醒家长不要被"接受过专业训练"的保姆所"忽悠"。对照世界卫生组织公布的婴幼儿大运动发育时间表(见附录)观察孩子发育会使家长理智很多。

对于孩子的大动作发育,奉劝家长们按照顺其自然、水到渠成的原则,在孩子有爬、站、走等意愿时,给他一些助力和推力,如有必要,在专业医生的监控下,适当干预,已足以保证婴幼儿健康成长。千万不要为了家长的面子,拔苗助长。

对孩子的站立，应关注以下问题：

1.大人不能扶着孩子站；

2.孩子自己扶着站时，脚跟需能轻松着地；

3.若站立时只是脚尖着地，应尽可能制止，否则对下肢发育不利；

4.在不能脚跟着地站立前，不鼓励孩子行走，更不应使用学步车；

5.不应让不会站立的孩子在大人身上蹦跳。

宝宝刚开始学走路，要不要买专门的学步鞋？

坐、爬、站、走、跑都是会自然形成的，如果孩子发育没有问题，不需要特别的引导，更不需要给孩子买学步鞋。

给孩子使用学步车

我不赞同用学步车等辅助设施帮助孩子学步。站、走、跑、跳，都是随着发育自然而然的事情，不是"练"出来的。而且学步车有一较宽的带子置于两腿间，导致孩子在学步车内不能真正站直，易诱发"O"型腿的形成。孩子尚未成熟到能够行走时，强迫他行走，容易造成腿部和脊柱骨骼发育受损。

我曾接诊过一位 1 岁正常男婴，站立时，双脚跟能自然着地，但行走时，采用双脚尖方式。询问得知，7 个月开始家长给他使用学步车，从那时起孩子便一直脚尖着地行走。经检测，婴儿双腿和脚、肌张力都正常，但习惯脚尖走路会造成脚弓发育和腿部关节异常。现在只能通过反复人工干预使其逐渐恢复正常。7 个月婴儿能连续翻身就相当不错了。个别 7 个月婴儿能自行扶着站立，能自行扶着挪步者应是凤毛麟角。这时让孩子站立过早，同时在学步车中练习走路，对婴儿脊柱和腿、脚的发育不利。再有，学步车内置于孩子两腿间的带子，使其只能叉腿走路，不能获得正常行走姿势。

还有位家长说自家 11 个月婴儿横着走路，想让医生确定孩子是否存在脑发育问题。观察发现，当大人领着孩子右手时，孩子就右腿为主，左腿为辅横着走路；当大人领着孩子左手时，则左腿为主，右腿为辅横着走。经仔细检查发现，其实他还不能独立站，刚可扶着站，自己推着小车可正常姿势走路。原来孩子横着走路，是家长强迫的结果，原因是邻家小孩已会走路。

崔大夫，孩子体检，智商只有103，给他吃点什么补补好？

智商检测？

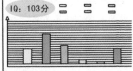

IQ: 103分

二、评价

您的孩子智力发展状况与实际年龄相当。发育商数在90～100之间，这类孩子在人群中占50%。他们既不特别优秀，也不笨，俗称一般人。他们在心理、社会等方面的行为表现与实际年龄一致。对这样的孩子给予良好的教育环境，会使他们发展得更好。

"他们既不特别优秀，也不笨，俗称一般人……"实际上我们大家也都是一般人而已，何况是几个月的小婴儿？以后别带咱家宝宝受罪了！

5个月的孩子，测智商有什么意义？对于婴幼儿，体检的重点是在了解孩子"吃喝拉撒睡"的基础上，结合生长指标的测量、医生查体，给予生长发育的评估，重点在"养育"的指导。

● 对体检的目的不明确

一位同事在给一个 5 个半月的婴儿做体检时，看到一份其他医院给该婴儿出具的 IQ 测试单及骨密度检查单。第一次听到 5 个月大的孩子能做 IQ 检查，评语竟然是"他们既不特别优秀，也不笨，俗称一般人……"

我也多次被家长问及检查时为何不给孩子检测智商、骨密度，不给婴儿测视力。这说明家长们普遍对"体检"的目的不明确。他们会怀疑不做特殊测定、不抽血的健康体检的有效性。在许多家长看来，一份全面的体检应包括微量元素、骨密度、视力等检查，而对于婴儿进食和生长评估、运动发育评测等项目，则因没有仪器设备的参与而感觉不到是在体检。

所以再次提醒家长们，对婴幼儿的体检应包括饮食起居的询问、生长评估、身体检查、发育评价（大运动、精细运动、语言、社交）。重点在于与家长的交流，并一同制订下一步养育方案，而不在于给一堆化验报告，开一些钙、铁、锌、DHA 等补剂。

家长要明确，化验检查永远是辅助检查，补剂永远是补充饮食的不足，而不是主要内容。

枕秃

几乎每个婴儿在脑后、颈上部都会出现枕秃。趴着睡觉时出现枕秃的机会比较少，但躺着睡觉则出现的机会多。

枕秃是由于枕部头皮受到反复压迫和摩擦，造成局部头发缺失所致。

随着婴儿逐渐强壮，到可坐、站、走时，头皮受摩擦的机会就会减少，头发就会重新长出来。

● 认为枕秃是孩子缺钙的征兆

枕秃是婴儿生长发育过程中的常见现象，很多婴儿在 2 个月以后会出现枕秃，而且有逐渐加重的趋势。不少家长认为这是因为"缺钙"所致。

实际上，枕秃与"缺钙"几乎无关，而与枕部与床面或枕头间局部摩擦过多有关。家长细心观察就会发现，满月内即出现枕秃的孩子几乎没有，而平躺睡觉的婴儿从 2~3 个月开始几乎都会出现不同程度的枕部头发减少现象——枕秃，特别是第一次剃头后枕部头发生长会相对缓慢。这是因为婴儿满月后，活动逐渐增多，但是尚不能坐、站，所以他们只能躺在床上左右转头，躺在床上反复转头的动作增多，当然就会摩擦枕部，出现枕秃也就不足为奇。左右转头的动作越多，枕部受摩擦的机会也越多，枕秃就越明显。

一般到 1 岁以后，随着婴儿逐渐强壮，到可以坐、站、走时，头皮受摩擦的机会就会减少，头发就会重新长出。2~3 岁后枕秃消失。出生后习惯趴着睡觉的孩子则很少出现枕秃。千万不要将枕秃与缺钙挂钩。

此外，家长们还习惯于把孩子出汗多、夜间易哭闹、出牙晚、长得过快或过慢、食欲偏差、肋缘轻度外翻、活动时关节有响声、反复出现湿疹等现象与缺钙挂钩。其实，不论母乳、配方粉，还是营养米粉及其他辅食，都含有钙，只要保证婴幼儿每天摄入 400 国际单位维生素 D，就无须担心孩子缺钙。

1.家长觉得孩子鼻梁低："高鼻梁好看。"赶紧从小捏一捏，让孩子鼻梁挺起来。

2.医生建议：刚出生的孩子鼻梁低、眼距宽、对眼等都是常见现象。要到孩子三岁以后发育起来这些现象才会消失。给孩子捏鼻梁未必有明显隆鼻效果，用力过度还有可能伤害到孩子

3.如果家长发现孩子在看一个物体的时候，两眼不能同时运动、有时间差的话，就要带孩子到医院去看病；再有，观察事物时发现孩子眼睛不聚焦在一个物体上，而是分散的，也要带孩子去看病。所以不要简简单单的以是否对眼来判断，而要观察孩子眼睛运动的协调性。

● 常给孩子捏鼻梁，鼻梁就会变高

家长都会发现刚出生的孩子鼻梁比较低，眼距比较宽，当孩子睁眼以后家长可能还会发现孩子似乎有对眼的现象，这都是常见的现象。孩子鼻梁较低，两眼间距较大，同时双黑眼球内聚。这种现象几乎见于所有婴儿。因为孩子出生的时候鼻梁就是会有点低，造成的双眼内距加大而遮盖了部分内侧的白眼球，使本身位置正中的黑眼球，出现内聚现象。家长轻轻上揪婴儿鼻梁，会发现对眼"暂时"好转。随着婴儿长大，鼻梁逐渐长高，双眼内眦内凑，对眼现象逐渐缓解至消失。一般需 3 年时间。此现象一般于 3 岁左右自行消失，无需任何干预。

其实，很多时候发育是需要等待的，我们给孩子捏鼻梁未必有明显的效果，如果用力过度可能还会给孩子的鼻梁骨骼造成损伤，妨碍正常的生长。所以家长不要想着早早地给孩子捏鼻梁而使孩子的鼻梁变高。发育需要等待和引导，并不需要过多的干预。

很多家长把自己不能解释的现象都给扣上"缺钙"的帽子，比如，出汗多、夜间易哭闹、枕秃、牙齿出得偏晚、长得过快或过慢、食欲偏差、肋缘轻度外翻、活动时关节有响声、反复出现湿疹等。

按上面家长们的推理，经常便秘、排便困难，甚至肾结石，是否与"补钙"过多有关呢？显然不是这样的。

3 孩子生长发育过程中经常出现的问题

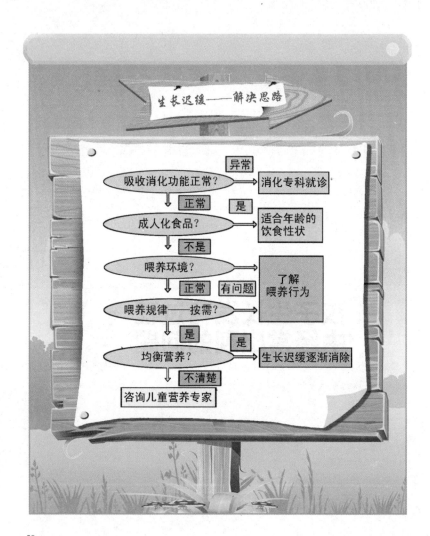

生长迟缓——解决思路

吸收消化功能正常？ —异常→ 消化专科就诊

↓正常

成人化食品？ —是→ 适合年龄的饮食性状

↓不是

喂养环境？ —有问题→ 了解喂养行为

↓正常

喂养规律——按需？ —→ 了解喂养行为

↓是

均衡营养？ —是→ 生长迟缓逐渐消除

↓不清楚

咨询儿童营养专家

孩子没有同龄小朋友长得快

常常有家长询问，自己家孩子和邻居家孩子一样大，为什么没有人家长得快？自己家孩子是不是生长迟缓？要不要补点什么？

首先，生长迟缓的判断不是与任何指标或其他小朋友比较而言，而且仅仅通过一次身高、体重等测定值也不能确定。只有将孩子从出生到现在多次测定的身高、体重结果画在生长曲线上，观察孩子的整体生长过程，才能得出是否存在生长迟缓的结论。对早产儿生长应使用早产儿生长曲线，直至矫正孕周40周才可与正常生长曲线的出生时接壤。矫正孕周要使用到2岁。不使用矫正孕周，家长容易错误地认为婴儿生长缓慢，从而过度喂养婴儿，导致他今后慢性疾病发生率的增加。发育的评估也要用矫正孕周。

如果通过评判，孩子确实存在生长缓慢，首先应该寻找症结在哪里，及时纠正。孩子生长缓慢一般有三方面原因：第一，进食绝对量不够，可能是进食量不足或进食结构不合理。不是指某营养素不足，而是全面营养素进食不够。第二，胃肠消化和吸收不良。若食物性状超过咀嚼和胃肠接受能力，导致大便内有原始食物颗粒，则意味着消化不良；若大便性状好，但排便量多，则意味着吸收不良；若以上两种情况皆有，则意味着消化吸收不良。第三，慢性病导致的体内异常丢失。比如过敏、慢性腹泻、先天性心脏病、反复呼吸道感染等。有时家长自身可能不会准确找到问题所在，这种情况下应请教医生，不要仅想到微量元素缺乏。

儿童肥胖属于营养不良，而不是营养过剩。

肥胖是因为我们给孩子提供的蛋白质，特别是非优良高蛋白质过多，在体内引起胰岛素和胰岛素样因子分泌增加，导致了肥胖基因活性的增加，使人体内脂肪细胞数量增加，在脂肪细胞数目多的情况下，每个脂肪细胞增加一点，整体就形成了典型的肥胖。

肥胖是因为摄入不均衡所致，家长养育孩子时要和专业人员交流，给孩子提供均衡的食物。

预防儿童肥胖不仅为了"体型"美，更主要的是预防成人期慢性疾病的发生。

60

● 婴儿早期生长过速与肥胖

婴儿早期并非长得越快越好，婴儿生长过速，指的是婴儿身高和体重增长速度过快，2 岁之内婴幼儿生长过速会促使体内胰岛素及胰岛素样因子分泌增加，导致脂肪细胞分化增加，体内脂肪细胞数量增多，形成今后肥胖的基础。生长过快容易增加成年后发生心血管疾病的危险，对长远健康不利。

相反，较慢的生长反而有利于婴儿今后的健康。为降低婴幼儿早期生长过速，增加运动非常重要。婴幼儿最大的运动负荷就是"趴着"。趴着不仅可增加孩子运动负荷，还可通过训练四肢协调，促进神经系统发育。很多时候不是孩子运动能力不行，而是家长怕孩子累着，限制他们运动。实际上趴着不仅绝对累不着婴儿，还可缓解肠绞痛带来的腹部不适。

儿童期肥胖是成人健康的杀手。目前中国孩子肥胖比例明显增加，这与家长的喂养观点和不科学的期望值有关。蛋白质摄入过多是引起肥胖的原因之一，蛋白质过多会刺激体内胰岛素和胰岛素样因子 –1 分泌增多，早期促进婴幼儿身高、体重同时增长，同时也刺激了脂肪细胞分化过度，形成成人肥胖基础。从食物中摄取优质蛋白质，就能满足身体的需要，不要轻易给孩子"补"蛋白粉，保证每餐中蛋白质食物，鸡蛋、肉等不要超过总量的 1/4。

对生长已经超标或者说"肥胖"的婴儿，不是靠"节食"来控制体重增长。首先，家长要确定目前喂养方式和频度是否合理。若婴儿有肠绞痛问题，会出现哭闹增多现象，并不是所有婴儿哭闹都是饥饿所致。开始添加辅食后，

怎样处理儿童肥胖？

家长可以给孩子提供一些饱腹感较强的食物，如大豆制品，进食后饱腹感强，饥饿间隙时间长，这样总的饭量会减少。

饮食治疗：
不是单纯的饥饿疗法——简单地让孩子少吃，少吃会让孩子情绪受到很大影响，还会影响到孩子的心理发育。

运动疗法：
让孩子平常多运动，通过多消耗来达到减肥的效果。

家长可以给孩子提供一些饱腹感较强的食物，而不是单纯让孩子少吃，单纯的少吃不仅会影响孩子情绪，还会影响到孩子的心理发育。另外，平时可以让孩子尽量多运动，通过多消耗来达到减肥的效果。

家长朋友们要警戒孩子的生长速度，依据婴幼儿、儿童生长曲线纵向了解孩子的生长速度，不要横向与其他同龄孩子比较。预防肥胖从小开始，适当运动、合理饮食最为关键。

预防儿童肥胖不仅为了"体型"美，更主要的是预防成人期慢性疾病的发生。（有关肥胖婴儿的饮食提醒参见《崔玉涛图解家庭育儿5（口袋版）：小儿营养与辅食添加》。）

如何判断孩子是否有斜视?

婴儿每只眼睛的运动都由六条肌肉控制。婴幼儿处于生长发育阶段,控制眼睛的六条肌肉常会出现发育不均衡现象,因此常出现斜视等问题。可通过光照眼睛进行光反射试验,根据眼睛运动进行初步判断。若怀疑有问题,及时到眼科就诊。

崔医生,6个月女宝宝检查视力,医生说近视。请问这么小的宝宝近视需要矫正么?

婴幼儿处于生长发育阶段,身体的各器官都在不断成熟过程中,包括眼睛在内。刚出生的婴儿视力只有0.1;1岁时达到0.4。这是正常发育过程。为何给6个月婴儿检查视力,并冠以"近视"的结论呢?

对于婴儿眼睛的体检,主要是针对眼睛的运动和协调,检查是否有斜视等现象,以防今后出现弱视等问题。

● 孩子是不是对眼

出生后头一周的婴儿经常出现对眼现象，这是因为婴儿控制眼睛的能力还不成熟，是眼睛向内散视或向鼻侧聚集的随机动作所致。随着生长，散视频率越来越低，直到完全消失。大脑还不能与眼睛同步工作也会导致对眼。

对眼又称为"内斜视"。几乎3岁之内的孩子都有"对眼"现象，原因是孩子的眼睛发育不好吗？不是！3岁内孩子鼻梁都偏低。如果家长试图将孩子的鼻梁轻轻揪起，你会惊奇地发现孩子的眼睛非常正常。鼻梁低平造成成人观察孩子时出现了视觉偏差。不仅鼻梁低，而且双眼内角外移，容易形成对眼的"假迹象"，也就是假性斜视。对于很多种族，特别是亚裔的婴儿来说，这纯属正常。等孩子鼻梁逐渐增高，两眼内角内移，对眼现象就会消失。

判断婴儿是否真有对眼的最好办法是观察眼睛对光线的反应。当光照射时，双眼能同时相聚于发光点，说明婴儿不存在对眼现象；当光照射时，双眼分别注视不同的方向，说明婴儿可能存在"对眼"问题。此试验是观察婴儿双眼对光的反应，医生将其称为光反射试验。

如果仅一只眼睛向内斜或向外斜，且出生2~3个月后还频繁出现，很可能是控制眼睛运动的肌肉比较薄弱。此时，才将这种情形称为"斜视"。这种两只眼睛视物或运动时出现不对称现象，则需要请教眼科医生。家长应该带孩子到儿童眼科，进行必要检查和治疗。

若斜视诊断得太晚，大脑就会适应眼睛不协调生成的信号。即使佩戴眼

爸爸说我是斗鸡眼，是吗？
要怎么纠正啊？我好怕！

孩子的对眼多属于假象。孩子的鼻梁低，造成双侧眼内角遮住部分白眼球，造成黑眼球不在眼中间的错觉。如果轻轻揪起鼻梁，会发现孩子的对眼消失了。

经常给孩子捏捏鼻梁，鼻梁高了，就不会斗鸡眼了。

给小婴儿捏鼻梁并不有助于鼻梁的增高。等待宝宝逐渐发育才是正招。发育是不可人为调整的自然过程，强制干预会受到发育异常的惩罚！

有三个原因可致婴儿表现出对眼：
1. 不成熟的眼睛控制系统可导致散视和偶尔的对眼；
2. 眼睛和鼻子的解剖关系，容易使家长错感到婴儿存在对眼，实际根本不是；
3. 眼睛确实存在些许偏斜，并集中于鼻侧。

镜，眼睛仍然斜视。只能通过接受眼部肌肉的外科手术来纠正斜视。手术后，通常还要配戴眼镜。未经治疗的斜视，其最严重的结果是有问题的那只眼睛会出现功能性失明，又称为弱视。因此，如果家长怀疑孩子眼睛有问题，要及时就诊。

若"斜视"诊断及时，比如小于 6 岁，通常可以配戴眼镜进行校正。眼镜可帮助孩子将双眼聚集于同一物体上，以训练眼睛协调的能力。及早配戴眼镜，能使双眼协调能力变为正常。

父母如果有弱视的情况，要注意孩子有可能会遗传。6 个月以上的婴儿就可以对视力发育情况进行一些初步检查了，比如有意用手挡住孩子的一只眼睛，观察他是否有拒绝的表示，如果没有，说明未被遮挡的眼睛没有严重问题。但是具体的屈光状态和融像能力，则要到医院借助一些仪器来检查。

孩子1个半月了，睡觉时头老喜欢往一边偏，大人很难把他的头调整至另外一边，现在后脑勺已经明显看出来不平了，请问有什么好办法能改善？

婴儿头部运动受到一定限制，平躺时头歪向一侧，非常符合斜颈的特点。人的颈部两侧分别有胸锁乳突肌，对颈部运动具有重要作用。若一侧胸锁乳突肌在生产前或分娩中受到牵拉，一侧肌肉受损，可致使颈部歪向一侧。婴儿除了表现出头部姿势异常外，还会出现偏头现象。

建议家长到医院就诊，检查是否为斜颈，以及斜颈程度，确定治疗原则和实施方法。越早治疗效果越好。早期发现大多通过按摩即可纠正，否则会出现偏头、面部发育不对称等现象。

宝宝的头总是歪向一侧

斜颈是由于颈部两侧肌肉强度不一致，造成的头歪斜或转向一侧的现象。对新生儿来说，斜颈是非常常见的现象。因为胎儿蜷曲于一狭小空间内，随着生长，颈部会渐渐扭曲起来，以协调身体，适应子宫内的空间。出生后，其头部就会偏向颈部较短一侧，易并发偏头。如图所示，头和躯体中线形成角度是斜颈的标志。

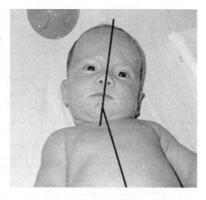

如果家长发现婴儿睡觉基本固定一个姿势，造成固定睡姿的主要原因可能与"斜颈"有关。所以，出现习惯的睡姿时，应该从颈部检查起。及早发现斜颈非常重要。及早发现，及早按摩较短一侧颈部，不仅利于斜颈的纠正，还利于预防偏头和面部发育不对称等并发现象的出现。那么，如何才能及早发现孩子是否斜颈呢？其实，及早发现斜颈非常容易，将孩子置于床上，让其寻找最舒服的姿势。若发现头的中线与躯干中线形成明显的角度，即应请医生定夺。

什么是O型腿和X型腿?

O型腿

X型腿

O型腿或X型腿指的是髋关节、膝关节和踝关节三点不在一条直线上。

当髋关节和踝关节在一线时,膝关节间距离超过3~5厘米。

当髋关节和膝关节在一线时,踝关节间距离超过3~5厘米。

孩子O型腿会不会是穿连体衣造成的?我们现在用带子绑住孩子的腿给孩子矫正,不知道有没有效果?

给婴儿穿连体衣不会造成O型腿,除非总给孩子穿过短的连体衣。捆绑新生儿双腿不能预防O型腿或X型腿。预防O型腿和X型腿的最好方法是从保护婴儿膝关节做起。

● O 型腿和 X 型腿

很多家长看到孩子小腿弯曲就认为孩子是 O 型腿，其实不一定。婴儿在出生前双腿处于盘曲状态，从而导致出生后 1~2 年内小腿有些向外弯曲，只要髋关节、膝关节和踝关节在一条直线上，都属正常现象，不是 O 型腿。随着出生后的生长，孩子的腿会逐渐变直。还有的家长见到孩子走路外八字，就以为是腿发育有问题，但实际可能是因为孩子的肌肉力量不够，通过外八字的方式来达到尽可能的平衡。

家长可以自测孩子是否是 O 型腿或 X 型腿。当孩子睡眠或完全放松躺在床上时，把孩子所有的裤子，内裤或是尿不湿通通去掉，轻轻将孩子双腿并拢，如果双踝关节接触时，双膝关节间距离超过 3~5cm，说明存在"O 型腿"；反之，如果双膝关节接触时，双踝关节之间距离超过 3~5cm，说明存在"X 型腿"。

O 型腿或 X 型腿的形成都与缺钙无关，虽然这两种腿型不一样，但都是关节发育中出现了问题，特别是膝关节发育异常所致，与大、小腿骨本身形状无关。是否因过早站立、行走或过早让孩子在大人身体上蹦跳造成，现在尚无定论。在这方面我们没有太多的前瞻性研究来证实是哪一阶段出现了问题，不过过早让孩子站立或蹦跳确实会对孩子的腿部造成损害。此外，严重佝偻病也会并发 O 型腿或 X 型腿。还有，长时间跪坐对膝关节、髋关节发育不利。

预防 O 型腿和 X 型腿的最好方法就是顺应婴儿自然发展规律。平时让孩

孩子3个月体检，医生说双腿角度太大了，以后恐变O型腿，需要矫正么？

认为双小腿向外弯曲，就是O型腿，这是误解。胎儿在妈妈子宫内不可能伸直双腿，生后一年，甚至更长时间，双小腿仍然弯曲。随着长大，小腿会逐渐变直。

孩子走路内八字脚，已经注意调整孩子的鞋子，也经常引导她正确走路，但还是不到位，请问要如何调整孩子内八字脚走路呢？

内八字脚，常见于X型腿的情况。由于X型腿的儿童走路时，双侧膝关节容易碰撞，造成不适或跌倒。通过内八字的方式加大膝关节间的距离，以增加舒适感。怀疑此类问题时，应带孩子看儿童骨科。确定情况，选择适宜的治疗方法。

子多趴着，锻炼其颈、腰、背部肌肉和协调能力。6～9个月时，孩子开始试图坐，慢慢能坐稳。从坐稳，逐渐会扶着站、自己站、扶着走、自己走。此间最好不要过多地人为干预。干预越多，效果越不好。家长之间不要互相攀比。

那当孩子已经出现膝关节受损——O型腿或X型腿的时候，要怎样处理呢？临床上一般从以下三个级别出发加以矫正：

第一级别　给孩子鞋底相对地变成斜坡，针对O型腿，要使他的整个外侧偏高、里侧偏低；针对X型腿，则要使他的外侧偏低，里侧偏高。这样能使他的膝关节的着力会有一定变化，有助于恢复。

第二级别　第一级别的治疗不满意时，就需进入第二级别的治疗。这个级别的治疗需要带肢具，让孩子在睡觉时，把腿放在肢具里面，来人为地去掰腿，使它变直。

第三级别　前两级别的处理都失败时，就需要手术。手术治疗比较难，一个好骨头，只是关节出现问题，要给它敲直了。

家长们在发现孩子腿部不直时，要尽快找小儿骨科就诊，尽可能通过一级的办法解决，避免二级或三级处理方案，尽量减少孩子身心所受的损伤。

宝宝9个月，长了8颗牙，前天发现上边有颗没长牙齿的牙龈黑了一块，洗不掉，怎么回事呢？

婴幼儿出牙时有可能刺激牙龈内的神经引起不适，所以很多婴儿会出现抠牙龈、啃咬硬物等现象。孩子在啃咬硬物等的过程中有可能造成牙龈局部小血管破裂、出血，形成牙齿尚未长出前，牙龈内出血现象，局部变成紫黑色。这种情况很轻微，无需特别关注，待出牙后，这种情况会自然消失。

从小开始预防龋齿

早期饮食中不要主动加糖。

来宝宝喝口白开水！

经常喝白开水清洁口腔，尽量少给孩子喝果汁，以防孩子拒绝喝白水。

早晚清洁牙齿，小孩子由家长用纱布帮助清洁，大孩子训练学习自己刷牙。

● 牙齿色斑与龋齿

孩子的牙齿在发育过程中会出现各种各样的问题，比如色斑、龋齿等。

牙上出现色斑，比如黄斑、黑斑等，一般由两种情况所致：

一种是附着，比如饮用水中的矿物质或服用维生素氧化后的附着物，这是由于常饮用矿泉水、果汁或咀嚼维生素糖后未漱口所致。有些家长会发现，如果给孩子补充过维生素，特别容易导致牙齿出现这种情况，一般刷牙很难去除，只有洗牙才可去除。有这种附着物时牙齿表面光滑，没有侵蚀痕迹，这样的附着物对牙齿本身不会造成损伤，等过一段时间后附着物即可慢慢脱落。还有就是口内正常细菌分泌的有色物。

另外一种就是龋齿，可见牙齿表面粗糙，有侵蚀痕迹。如果家长分辨不清，可请教牙科医生。牙上有黑洞就是龋齿，又叫蛀牙，孩子没感觉到疼是因为还未伤及神经，必须尽快治疗。如果治疗不及时，损坏了牙根就会影响到今后恒牙的生长。

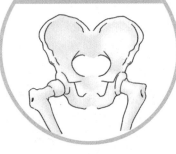

髋关节脱位图示

孩子4个月，2个月前观察大腿纹路都对称，2个多月时开始大腿纹路不是很对称。出生时做过B超，髋关节没问题。请问现在还需要做B超检查一下吗？

婴儿的两大腿纹理是否对称并不重要，重要的是髋关节是否存在脱位或半脱位现象。若无特别损伤或疾病，生后髋关节发育正常的婴儿，不会再出现髋关节发育异常的问题。髋关节异常中，只有少数为先天性髋关节发育异常。存在先天性髋关节发育异常的婴儿，双腿长度不等，且髋关节活动异常。

● 髋关节发育不良

髋关节又称为杵臼关节，它由两块骨头组成，一块凸面向外的骨头被一块凹面向内的骨骼包裹，其活动范围很大。婴儿分娩前，髋部就已开始发育；分娩后，会继续不断成熟。胎儿时期的髋部凹槽就已能包裹股骨头，婴儿出生后，他就可以开始自由地运动双腿，如果髋关节的位置不正常，今后就会存在明显的行走困难，1岁以下儿童都应接受儿科医生多次检查。

出生时，有些婴儿髋部还未形成理想的球和窝状况，医生通常双手握住婴儿的膝盖，向上屈曲后再外展婴儿的大腿骨，并在骨盆的窝部旋转大腿骨头部。如果大腿骨头部所处的位置合适，医生会认为髋关节窝部发育良好，如果旋转髋关节时听到"咔哒"的沉闷声音，代表大腿骨头部脱离髋关节窝部，说明髋关节窝部太浅。也就是医学上所说的"髋关节出声和脱位"。较浅的髋关节窝容易造成大腿骨头部滑脱而出，长此下去可引起髋关节发育异常。原有的球和窝的结构，变成了球和板的结构——医学上称为髋关节发育不良。

先天性髋关节脱位是一种发育异常，不是损伤所致，所以婴儿没有主观疼痛的感觉。先天性髋关节脱位会出现双侧大腿皮纹不对称现象。但只有少数双侧大腿皮纹不对称的婴儿是因先天性髋关节脱位所致。遇到此情况，建议请教小儿骨科医生。必要时要通过B超或X光检查协助诊断。双侧大腿皮肤不对称即使是因髋关节脱位所致，但绝大多数属于轻度异常，经过简单姿势调整，比如使用双层尿裤保证双腿轻度外展一段时间即可纠正。不过，只有小儿骨科医生确定后，才可决定治疗方案。

下　肢

随着胎儿的生长，子宫内的空间越来越狭窄，下肢被挤压成扭曲的姿势，生长也受到了限制。

马蹄内翻足和畸形脚

真性畸形脚在胎儿发育的早期即己开始，可能与胎儿在妈妈子宫内生长过程中，脚所处位置有关。由于脚背部及内侧韧带和肌腱发育落后于其他的韧带和肌腱，最终形成特殊的脚形。

婴儿出生后，下肢还会继续生长、变化。刚出生时，大腿经常呈弓状弯曲，C型弯曲的小腿是完全正常的。到了婴儿学走路的时候，腿部就逐渐开始变直。一岁后，一些婴儿的下肢就会变得非常直，有些则仍略弯。

● 脚发育不良

出生时要观察孩子的双腿，包括双脚的自然姿势是否正常。可将孩子双腿并直，观察双腿是否一样长，足部是否有内、外翻转？若怀疑有问题，应到医院检查。

一般来说，孩子脚部出现问题的机会并不多，但还是要注意一些微小的问题。孩子在胎儿期很可能脚部受压的程度不一样，部分是扭曲的状态，出生后就形成了马蹄内翻足。脚趾在这个过程中不在一个水平面上，上下错落。

如果孩子的脚部有这样的问题，出生后一定要找医生，医生会根据孩子脚的异常姿势，给他用石膏或其他方法固定成相对比较正常的姿势，以保证脚能够逐渐恢复到正常的姿势。

另外，孩子在学步时，家长要注意观察孩子有没有平足。如果是平足，要给孩子穿特殊的鞋，以使他的脚弓在学步过程中逐渐发育成熟。

如何识别
儿童自闭症?

儿童自闭症患者

①会表现出一些语言和行为上的障碍;

②有时会伴有一些无意识的刻板行为;

③对父母的问题不能很好地回应。

民间偏方

儿童自闭症的治疗主要
靠教育和训练,千万不
要迷信民间偏方。

● 自闭趋向及自闭症

自闭症，又称孤独症，属发育性发育障碍，主要表现为交流障碍、语言行为障碍为主，同时伴有一些刻板的行为。比如，我曾经治疗过一个小朋友，让他把嘴张开，他可以说"把嘴张开""把嘴张开"……重复十遍，甚至更多遍，这就是一种刻板的行为，这一点他自己意识不到，同时还伴有跟其他小朋友不合群，或对大人的问答不能很好地回应等一些情绪上或行为上的问题。

自闭症70%伴有智力落后，它的诊断并不困难，但误诊率极高。典型的自闭症非常容易诊断，更多时候是建议家长提出一些自己关注的行为或语言问题，或我们发现孩子身上有某些行为或语言问题的时候，建议家长带孩子去医院进行评测。评测方法以量表为主，家长针对一些问题填表，医生检查后填表，根据填表的内容来判断孩子的自闭状况到了什么程度，确定是否需要特别干预。

自闭症的病因到今天还不是十分清楚，治疗自闭症以教育和训练为主，药物为辅的办法。家长一定要配合医生，按照医生推荐的方法给孩子进行训练。治疗自闭症没有什么特殊偏方，也不要轻信什么中草药。预后取决于病情严重程度、智力水平，更主要取决于治疗干预的时机和程度。如果家长怀疑孩子出现该问题，应及时咨询医生。

另外，孩子对事情的专注时间有限或容易分散注意力，这是发育过程中的正常表现，家长应以身作则，训练孩子的自身控制能力。但2~3岁孩子既不

一位18个月的幼儿来体检，对各项检查完全接受。看似非常配合，可是在整个检查过程中，孩子与医生、护士、家长都没有任何眼神交流，微笑着一直沉浸于自己的世界里。

家长告知，孩子在早教班和出去玩时，从来都是找个远离小朋友的角落自己玩耍。

发现孩子有自闭倾向时，要及早干预。儿童发育行为研究不是为了给孩子"扣帽子"，而是为了指导家长正确的养育行为和方法，提供专业干预和偶尔进行药物治疗，以预防和干预行为"异常"的婴幼儿向正常发育。家长治疗时一定要摆正心态。

应过于自制，也不能过于涣散。家长有机会，应请教医生，及早发现有自闭和注意力障碍倾向的孩子，及早干预，以保证孩子精神发育健康。

孩子的交流和集中能力，将对今后上幼儿园、上学，甚至今后成人走向社会奠定坚实的心理基础。虽然每个家长都不愿自己的孩子有精神问题，但若出现自闭或注意力障碍倾向，如能及时干预，孩子完全可恢复到与正常孩子相同的状态。往往是因为家长的原因，延误了干预的时机，直至真正疾病状态才去就诊，耽误了及早干预的机会。

男婴出生后家长应该对其外生殖器进行初步检查：

1. 双侧睾丸是否已降到阴囊内，是否有隐睾；

2. 如果一侧或双侧睾丸异常膨胀，应该考虑鞘膜积液；

3. 尿道开口是否在龟头的正中间，包皮是否完整，否则有可能是尿道下裂。

睾丸在胎儿期即开始发育，发育的部位是在婴儿腹腔，直到妈妈怀孕第八个月时，睾丸才逐渐降至阴囊内；可有些婴儿直至出生时睾丸仍未降入阴囊，这被称为隐睾症。

引起睾丸未降原因包括：激素水平异常、神经系统疾患、遗传因素或睾丸初期发育不良等。

● 男婴阴囊肿胀及隐睾

婴儿阴囊肿胀，常考虑鞘膜积液或疝气。疝气通常在小儿哭闹或剧烈运动时，在腹股沟处会有一突起块状肿物，有时会延伸至阴囊部位，在平躺或用手按压时会自行消失。

很多男婴出生后都会有一侧有阴囊积水，个别婴儿会是两侧阴囊积水，用手电贴在肿胀的阴囊上透照，若透亮度强而且可见均匀的液体，应为鞘膜积液。

在孩子哭闹时观察阴囊肿胀是否增大，可以确定是否为交通性鞘膜积液。只要哭闹时，阴囊体积无明显增大，基本上可断定为非交通性鞘膜积液。

鞘膜积液是睾丸周围的纤维袋中存有的液体。纤维袋称为鞘膜，随睾丸一同从腹腔内降入阴囊，纤维袋封闭时，将睾丸留于阴囊内，同时内含的一些液体也被锁于其中，这种情况称为非交通性鞘膜积液；如果纤维袋封闭不严，腹腔内的液体就可进入袋中，当然液体也可从袋中返回腹腔。这种形式的鞘膜积液称为交通性鞘膜积液。随着婴儿生长，非交通性鞘膜积液内的液体会逐渐被吸收，一岁左右全部消失。等待自然吸收即可，没必要特别护理和特别治疗。交通性意味着与腹腔相通。家长判断不好，请外科医生判断。

如果阴囊内没有触及到睾丸，应该到医院就诊，以确定睾丸的位置，也许在腹腔内，也许在腹股沟处，属于隐睾。根据睾丸的位置，医生会给予不同的治疗建议。家长在家没有很好的家庭治疗方法。

女婴外阴肿胀

婴儿在子宫内的发育过程中，会接受到妈妈的雌激素刺激，致使女婴的外阴同样出现肿胀。出生几个星期后，外阴就会逐渐萎缩，呈现典型女婴状。

阴唇粘连

阴道皮赘

新生女婴可出现阴唇粘连的现象，大多数阴唇粘连的情况可自行消除。

阴道皮赘属于正常现象，出生后，随着婴儿激素水平的变化，皮赘可逐渐萎缩，直至完全消失。

女婴阴唇粘连与阴道皮赘

阴道的内外唇部统称为阴唇。胎儿发育时期，分别形成大小阴唇这两个独立的部分。分娩前，其下部通常出现粘连，如果小阴唇粘连在一起，称为阴唇粘连。

大约有 1/4 ~ 1/3 的女婴出生时存在阴唇粘连，绝大多数粘连的范围小，仅 1 ~ 2 毫米，偶尔其粘连的范围会较大。粘连通常由炎症或刺激引起，新生女婴可出现阴唇粘连的现象，但最常见于生后 3 个月至 6 岁。外阴局部分泌物对局部具有保护、隔离、杀菌作用，若清洁过度，会致使局部轻度损伤，有可能导致阴唇粘连。

随着生长，大多数女婴阴唇粘连的情况可自行消除，体内的激素，如雌激素，有助于消除阴唇的粘连，到青春期，可发现粘连的阴唇已恢复正常。如果婴儿阴唇粘连引起排尿费力，可咨询医生进行外科分离手术。

阴道皮赘是从阴道突出的一小块皮样组织，有时局部皮肤红肿，有时局部皮肤看似正常。阴道皮赘属于正常现象。胎儿发育期，皮肤经常对母体的激素比较敏感，就可能出现快速增长的皮赘，出生后，随着激素水平的变化，皮赘可逐渐萎缩，直至完全消失。

孩子3个月，出生时耳后就有这个是什么？

这种紫红色、突出于皮肤、受压时褪色，解压后复原的皮肤表面的肿物应该是血管瘤。

眼皮、眉间、颈后等部位出现的不同程度的红色印记，绝大多数是胎记，多于生后2~3岁内自行消失，无需治疗。只有局部红印逐渐变成紫红色，且局部高出皮肤的现象才考虑为血管瘤。

孩子左眼一出生就红红的，血管有些明显，且明显肿起来，47天了还是这样，是不是血管瘤？

心得安

可以用眼药水如噻吗洛尔敷于局部。如血管瘤较大，需要在医生的建议下口服心得安、局部打药、激光、手术等。

● 血管瘤

血管瘤是血管在皮下的聚集，其所处部位的皮肤平整或高出普通皮肤，形状为圆形或不规则形，颜色鲜红、发蓝或深紫。血管瘤大小不一，小如笔尖、大如硬币。血管瘤有三种类型：典型的草莓状血管瘤、深部血管瘤和混合血管瘤。

血管瘤其实不属于"肿瘤"，而是先天性血管畸形的一种。在每 100 位新生儿中就有 5 位有血管瘤，其中草莓状血管瘤在新生儿中并不少见。血管瘤按压时局部颜色变浅，无痛感，按压停止后恢复紫红色。初期，特别是 1 岁半前，血管瘤有增大趋势，待孩子 1 岁半之后有些血管瘤的生长停止，紫红色肿物上开始出现正常皮肤颜色的点块，随之肿物逐渐变小，于 2 岁半左右基本消失。

对于增长过快的血管瘤，应该请教皮肤科或外科医生。特别是长在颜面部、头部、骶尾部的血管瘤，更应尽早与专科医生交流。如果血管瘤小，又没有长在以上提及的部位，不着急手术治疗。如需治疗，方法包括口服心得安、局部打药、激光、手术等。具体采用哪种方法治疗或继续观察，应该遵循医生的建议。

家长可每隔 2 ~ 4 周，在旁边有标尺的前提下给血管瘤拍照，这样很容易让医生了解血管瘤大小及颜色的变化，过早手术未必能根治。

先天性喉喘鸣

发生时间:
出生后不久或出生后几个月。

表现:
哭闹时发出类似鼾声的"吱吱"声,又好似喉舌中有口痰。
治疗:
若无明显呛奶、呼吸困难,不必治疗。

钙　维生素D

原因:
母亲孕期钙质和维生素D摄入和/或吸收不足所致。

出生后均衡营养很重要,但即使补充钙和维生素D,也需几个月的时间才会好转,家长要耐心等待,并且平时要注意预防孩子上呼吸道感染。

先天性喉喘鸣

有些婴儿出生时呼吸正常，从出生至出生后数月，个别可达 1~2 岁内，哭闹时喉部发"吱吱"声，好似"鼾声"，又好似喉中有口痰。有的婴儿在睡觉时这种现象比较明显，个别婴儿安静时也可表现出来，这种现象是"先天性喉喘鸣"。

先天性喉喘鸣由于喉软骨软化，造成呼吸时嗓子内似乎有口痰的感觉。常发生于出生后不久或者出生几个月后。严重时会出现呛奶现象，甚至吸气性梗阻的情况。上呼吸道感染时，喉喘鸣现象会加重。如果婴儿无明显呛奶、呼吸困难，不必治疗，只需合理营养和等待。

先天性喉喘鸣是因为母亲孕期钙质和维生素 D 摄入和／或吸收不足所致，所以，出生后均衡营养很重要。但即使补充钙和维生素 D，也需几个月的时间才会好转，家长要耐心等待，并且平时要注意预防孩子上呼吸道感染。症状不重的先天性喉喘鸣一般至 2~3 岁常能自愈。

西甲硅油可消除肠内胀气，从而缓解症状，但毕竟是治标不治本。停药后，症状再次出现，还可再次服用。西甲硅油只在肠道起作用，如果使用后无效，应该考虑牛奶过敏等其他因素。肠绞痛是一种良性发育问题，不影响婴儿进食，不影响生长发育。但却会使不明原因的家长以为孩子哭闹是因饥饿所致，导致喂养过度，出现偏胖。

宝宝肠绞痛，服用西甲硅油两周见效，停用一天后又发作，请问还能继续服用么？

最有效的物理疗法就是适当压迫腹部，比如

抱紧孩子

趴着卧位

吸吮喂奶

肠绞痛药物疗法

西甲硅油，每次10滴，每天3次，喂奶前直接滴入口腔内，连用两周。

婴儿肠绞痛

婴儿肠绞痛是一种婴儿发育中的问题。因婴儿肠道和神经发育都不够成熟，消化系统各个阶段的运动／蠕动不能很好地受神经协调控制，肠内气体不能顺利排出，形成了肠绞痛的基础。肠道内气体多，排便时会出现泡沫便，排便较费劲，大便偏稀，次数较多等现象。

肠绞痛属于自限性发育问题，无需过度担忧，但常被误诊，被怀疑为肺炎、肠炎、肠套叠等。肠绞痛一般在婴儿满 4~6 个月会自然消失。由于婴儿会因疼痛定时或不定时哭闹，有时哭闹非常严重，喜欢大人抱着睡，这会使家长越来越担忧。

缓解肠绞痛的方法有物理疗法和药物疗法。最有效的物理疗法就是适当压迫腹部，比如抱紧孩子，趴着卧位，吸吮喂奶等。药物疗法主要是西甲硅油，每次 10 滴，每天 3 次，喂奶前直接滴入口腔内，连用两周。益生菌也有一定效果。不论何种治疗只能是缓解，根除只有等待时间。

如果超过 6 个月，甚至超过 1~2 岁的孩子仍然出现排气多、大便不干的前提下排便费劲、时有呕吐、夜间睡眠不安等现象，如果同时伴有生长缓慢应该考虑与食物过敏有关。建议家长调整孩子的饮食，观察饮食与症状的相关性，或咨询儿科医生。（关于婴儿肠绞痛的更多内容请参考《崔玉涛图解家庭育儿 3（口袋版）：直面小儿肠道健康》。）

孩子出牙和耳部感染都可能引起发热。

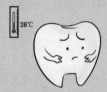 

38℃ 38℃

出牙时，发热很少超过38 ℃，而耳部感染时，体温会更高些。

出牙时，只有婴儿平躺时才会出现揪耳朵现象，而耳部感染时，
婴儿处于任何体位都会出现揪耳朵现象，平躺时会越发激烈。

出牙时唾液产生过多，而耳部感染时不会出现口水过多现象。

4 崔大夫门诊问答

宝宝感冒或身体不舒服的时候，右眼经常会流眼泪，总是泪汪汪的样子，不知道是什么原因？没生病的时候就不会这样。

鼻子堵塞时会导致眼泪增多，这是因为眼泪通过鼻泪管的吸收量减少了，病好后自然会缓解，不必担心。

孩子鼻泪管通畅度不够好，所以遇到眼泪突然增多时就可能出现流眼泪的现象。

由于孩子鼻梁低，两眼间距离相对远，下眼皮内侧会有轻度内翻，形成倒睫，倒睫也会刺激眼睛分泌较多的眼泪。

宝宝的眼睛为什么总是有很多眼屎

大多数婴儿在出生后头两周内还不能产生眼泪，等到出生 3 ~ 4 周后就能产生眼泪了。一旦能产生眼泪，必须同时引流排空才行，可此时婴儿泪管相对狭窄，不能承担全部引流排空工作，致使他们的眼睛，特别是一只眼睛，总是水汪汪的，而且很快就出现白色、黄色，甚至绿色的黏液或分泌物。

很多孩子眼内看似眼屎多，实际上是因为经常流眼泪。眼泪中的水分蒸发后，就剩下类似眼屎的东西。这有些与鼻泪管通畅不良有关，有些与倒睫有关。小婴儿鼻泪管通畅度不够好，所以遇到眼泪突然增多时就可能出现流眼泪的现象。由于孩子鼻梁低，两眼间距离相对远，下眼皮内侧会有轻度内翻，形成倒睫，倒睫又会刺激眼睛分泌较多的眼泪。

这是个发育中的问题，家长不要着急，也不要误认为是上火。一般 3 岁后孩子眼泪多、眼屎多的现象即可好转或消失。

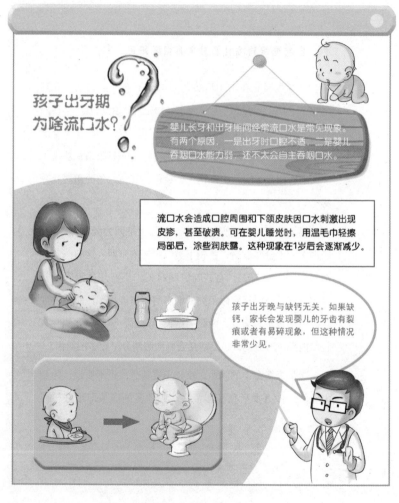

孩子出牙期
为啥流口水?

婴儿长牙和出牙期间经常流口水是常见现象。
有两个原因,一是出牙时口腔不适,二是婴儿
吞咽口水能力弱,还不太会自主吞咽口水。

流口水会造成口腔周围和下颌皮肤因口水刺激出现
皮疹,甚至破溃。可在婴儿睡觉时,用温毛巾轻擦
局部后,涂些润肤露。这种现象在1岁后会逐渐减少。

孩子出牙晚与缺钙无关。如果缺
钙,家长会发现婴儿的牙齿有裂
痕或者有易碎现象,但这种情况
非常少见。

98

给宝宝吃小块食物能促进长牙吗

对于出牙"晚"的婴儿，有些家长认为与孩子吃的食物太细有关，于是给孩子添加小块状食物来促进牙齿萌出。结果牙齿并未尽快萌出，反而出现消化不良，影响生长。

婴儿的牙齿不是磨出来的，出牙早晚与是否进食块状食物无关。如果在孩子还不会咀嚼时给孩子吃米饭等粗颗粒食物，孩子只有囫囵吞枣地吞咽食物，非常不利于食物内营养素的吸收，而且可能损伤孩子的消化功能。

块状食物要在磨牙（俗称大牙）长出以后才能添加。没有磨牙前，还不能有效咀嚼食物时，孩子的食物还应是泥糊状。过早改变食物性状，不利于食物的消化和吸收。出牙期间，孩子喜欢啃咬一些较硬的食物，但不能因此将食物性状全部改变。牙齿不是被硬物磨出来的。而且每个孩子都有着各自的出牙规律，牙齿的生长速度也因人而异。

听说DHA能让视力发育更好，我可不想让孩子长大后近视，现在要多给他补点DHA。

DHA 重要→

DHA是神经细胞膜的重要组成部分，对婴幼儿视网膜发育很重要。生命早期的头12个月，充足的DHA摄入能够显著提高52周时视敏度的结果。

DHA学名是二十二碳六烯酸，属长链多不饱和脂肪酸，存在于母乳中，母乳喂养或配方奶喂养婴儿，只要摄入量充足，不需补充DHA。对于正常婴儿来说，只有母乳喂养的婴儿需要补充维生素D，其他营养素的补充没有多大意义。

营养品是否能促进孩子成长

市面上有很多婴幼儿营养品或补剂，是否应该给孩子服用呢，这是家长们经常问的问题。不同阶段的孩子有自己的饮食结构，只要食品选择得当，进食正常，没有必要依赖营养品或补剂。

曾见过婴儿服用 DHA 后出现荨麻疹，于是家长认为孩子对 DHA 过敏。DHA 为脂肪酸，不会导致人体过敏。孩子实际上是对"DHA 制剂"过敏，制剂中会含有很多成分，比如调味剂、稳定剂、防腐剂等。任何补剂都会含有这些调味剂、稳定剂、防腐剂等。这就是为何腹泻时服用某些益生菌制剂会导致腹泻严重的原因。

正因为不能确定营养品中的有效成分和含量及添加剂、防腐剂等，所以尽可能不给孩子滥补营养品。即使使用补剂，也要了解其中的成分。我们极力推荐均衡营养食品（母乳、婴儿配方粉、婴儿营养米粉），目的也是为了尽可能让孩子少吃"补剂"！不要迷信"补剂"，合理膳食最为重要。

反　流

●奶汁通过口腔，经食道，最终到达胃部

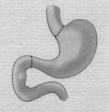

●食道和胃部连接处存在着一组称为食道下端括约肌的肌肉，可将食物保留在胃内，而不至于上返入食道

●婴儿出生后头几个月，食道下端括约肌特别薄弱

●只要婴儿稍微多吃一点或吃后立即平卧，食物就会从食道中反流而出，进入口腔，甚至喷到婴儿自身或正在喂养婴儿的家长胸前或衣服上，称为反流。

反流较频繁时，将婴儿置于小斜坡（15度）的床上，并处于偏右卧位，有助于预防反流发生

婴儿为什么容易反流

由于婴儿发育尚未健全，很多生理功能与成人相比不成熟，当然就会表现出一些问题，反流就是其中比较常见的问题之一。

反流多是发育过程中的生理现象。婴儿吃奶时奶汁通过口腔，经过食道到达胃部。食道和胃部连接处存在着一组被称为食道下端括约肌的肌肉，可将食物保留于胃内，而不至于上返入食道。婴儿出生后头几个月，食道下端括约肌特别薄弱，只要婴儿稍微多吃一点或吃后立即平卧，食物就会从食道中反流而出，进入口腔，甚至喷到婴儿自身或正在喂养婴儿的家长胸前或衣服上，称为反流。

食道与胃之间有一限制阀称为贲门；胃与小肠间也有一限制阀称为幽门。贲门相对松或幽门相对紧都可造成反流或呕吐。

溢奶的体位疗法

可以在婴儿吃奶后让婴儿保持相对右侧位，将婴儿床头抬高15～25度，以使婴儿全身处于15度斜坡面上，这样做就可以有效减少食物反流。

吃奶后给婴儿拍嗝也有助于减少溢奶的发生。

大人躺在躺椅上，身体与地面大约呈45度角。孩子吃奶后趴在大人身上，头部高出肩部，以免窒息。大人可以轻拍或抚摸婴儿背部，即使不去抚摸，几分钟内孩子就会打嗝。这种方法更简便、安全。

婴儿溢奶、吐奶应该如何护理

为使家长清晰简单地初步判断吐奶的严重程度，将吐奶现象分为溢奶和吐奶两种。没有呕吐动作，只是随打嗝、腹部或全身用力等出现的没有痛苦表情的奶液反流甚至流出口腔的现象称为溢奶。伴有呕吐现象，且有痛苦表情的称为吐奶。这样分类的话，绝大多数婴儿出现的是溢奶，属发育中的现象。

在婴儿频繁溢奶的阶段，家长要做好护理。只要婴儿在溢奶时不伴哭闹、咳嗽等现象，溢奶后进食正常，生长正常，就不必担心。基于溢奶的机理，对溢奶明显、次数多的婴儿，家长应通过体位疗法来使溢奶现象得到缓解。家长可以在婴儿吃奶后让婴儿保持相对右侧位，将婴儿床头抬高15～25度，以使婴儿全身处于15度斜坡面上，这样做就可以有效减少食物反流。吃奶后给婴儿拍嗝也有助于减少溢奶的发生。给新生儿拍嗝，对绝大多数新手父母是件难题。如果家长对抱孩子还没有经验，给大家推荐一个小办法：大人躺在躺椅上，身体与地面大约呈45度角。孩子吃奶后趴在

吃了两个多小时后居然还吐奶，而且还从鼻子里喷出奶来，这是什么原因？

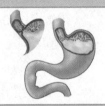

婴儿吐奶现象并不少见，主要是婴儿食道下端和胃的上开口——贲门肌肉力量较弱，只要腹压增高，胃内容物反流进入口腔，轻者造成咳嗽、无喂养下的吞咽，重者出现呕吐。多为发育问题，几个月内会逐渐减轻至消失。

刚满月的孩子喂奶后，怕吐奶，我总是给他拍后背，可老人说，拍后背，震心脏，让拍前面。

心脏位于胸廓左中部，从位置来说，拍前胸和后背对心脏振动相同。但后背有脊柱，对心脏保护性应该更好些，而且扣拍后背也易操作。

大人身上，头部高出肩部，以免窒息。大人可以轻拍或抚摸婴儿背部，即使不去抚摸，几分钟内孩子就会打嗝，这种方法更简便、安全。

婴儿吃奶后拍嗝是为排出吃奶同时带入胃内的气体，以防溢奶或呕吐。其实，不是拍嗝就一定能预防溢奶或吐奶的。如果婴儿出现恶心、呕吐时，应将婴儿置于侧卧位，可利于口中反流的胃内容物排出口腔。注意千万不要竖抱，以防反流物进入气管，造成吸入性肺炎。

除了溢奶，部分婴儿还会吐奶。婴儿吐奶时腹肌会有明显的收缩，同时伴有剧烈的呕吐动作。吐奶可能是某些疾病的征兆，比如急性胃肠炎，初期都有呕吐的过程。疾病性的吐奶婴儿会烦躁、哭闹。家长一定要区别孩子吐奶之后是否伴有难受或其他症状。孩子溢奶是一种正常现象，家长不用紧张，相反吐奶却需重点关注。遇到吐奶，家长不应竖抱孩子，以免口腔内的反流物呛入气管，造成吸入性肺炎。如果1岁后还常出现溢奶现象，就应带孩子到医院就诊。

鹳吻痕及天使之吻

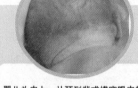

婴儿头皮上、从颈到背或横穿眼皮的皮肤上，乃至人体任何部位出现的粉红色的分布在人体中线附近的斑块叫鹳吻痕。

它由皮肤表层存在的过多细小血管所致，婴儿哭闹或发热时，血管会充盈，斑块会变得较红。

1/3

约1/3的婴儿出生时可见到鹳吻痕或天使之吻。

斑斑不见啦！

随婴儿逐渐长大，只有长在颈背的鹳吻痕有可能持续终生外，其他部位的斑块多于18个月内消失。

为何孩子颈后部有块红斑

鹳吻痕形容的是婴儿头皮上、从颈到背或横穿眼皮的皮肤上，以及人体任何部位出现的粉红色的斑块。这些斑块分布在人体中线附近。"鹳吻痕"这个命名来自关于鹳的神话故事，传说中，鹳是抓着婴儿的背部和颈部将其偷走的。而婴儿眼皮上的红色斑点被称为"天使之吻"，是因传说中天使亲吻婴儿的部位是眼皮。

实际上，这两者都是皮肤表层存在的过多细小血管所致。当婴儿哭闹或发热时，血管就会充盈，斑块就会变得较红。大约 1/3 的婴儿出生时可见到鹳吻痕或天使之吻。随着婴儿逐渐长大，这些斑块多于 18 个月内消失。只有个别长在颈背的鹳吻痕可持续终生，但对孩子没有任何损害。对于这些斑块，家长不需要进行任何处理。

但发生于其他部位的红斑，应排除血管瘤。有些部位的红斑随着婴儿生长，其颜色会逐渐加深，且逐渐高出皮肤，这就是典型的血管瘤。很多小血管瘤会在 2 岁半之内逐渐变小消失。

孩子身高是90%，体重才25%，怎么办？不成比例是生长缓慢吗？

生长缓慢指的不是身高和体重所占生长曲线内百分位的水平，而是连续观察2~3个月不增或没有按照曲线的标示增长。

儿子4岁零8个月，身高115cm，体重17.5Kg，是否太瘦了？

评判孩子生长是否正常不是通过一次身高和体重测量值即可确定，而应该利用生长发育曲线动态监测。

从出生体重、身长开始，将可能得到的所有测量值标在生长曲线上，这样可以一目了然地了解到孩子的生长状况。如有问题也可找到问题出现的大概时间。

如何使用生长曲线监测孩子生长

生长曲线是科学家们根据选定的一群母乳喂养的正常孩子生长的数值，经过科学化处理而形成的生长发育曲线，它包括身长、头围、体重这三项基本指标。

使用生长曲线应从婴儿出生时的体重、身长和头围开始，定期（出生后头 6 个月每月测量一次，以后 2～3 个月测量一次）将测量值画在曲线上，画上以后，就会发现整个生长趋势，便于家长了解孩子生长的过程。在此基础上，可以对孩子的进食、健康等进行评估。

家长观察孩子的生长不应仅关注某点的测量值，而应该关注生长趋势。只要趋势显示正常，就说明生长正常，如果发现 2～3 个月内体重不增或没按照曲线标示的速度生长，可以考虑为生长缓慢。遇有生长缓慢的情况，应该请教医生，在医生指导下考虑与进食种类和数量、进食习惯、胃肠状况、运动发育、消耗性问题或疾病（如食物过敏）等是否有关。

请问宝宝3个月了，头上一直都是些小细毛，怎么才能让宝宝头发长起来？

头发生长需要时间。虽然有些婴儿出生后头发浓密，但随着生长也会逐渐脱落、变稀，然后再开始长浓密。只要不是大面积脱发，无需就医。很多家长试图通过多次剪发刺激头发生长，但不要将婴儿头发刮光，以免刮光过程中影响到毛囊。每次理发时应留点毛茬。小婴儿的头发稀疏不是疾病原因，只要等待！

如何让宝宝长头发

很多婴儿剃头后头发变稀，出现"枕秃"。再有头部出汗多，加重"枕秃"现象。随着婴儿生长，大约在2岁，枕秃逐渐自行消失。约到2-3岁，头发逐渐变浓密。婴幼儿处于生长发育阶段，3岁之内头发偏少并不意味一定是今后头发偏少。家长可耐心等待，观察3岁后是否还有类似问题存在。

剃头只能促进有限的头发生长。但婴儿头皮较薄，剃光头过程对不同部位毛囊刺激程度不同，剃头后头发增长速度不一，有些部位浓密，有些部位稀疏。再有，婴儿主要躺着，对头皮压迫时间相对长，也不利于枕部头发的生长。所以给孩子剃头时，剪短即可，不要剃光，以免毛囊受损。

剃不剃胎毛对婴儿发育没有任何影响。由于婴儿躯体绝大部分汗毛孔尚未开放，只有头发能够将汗液排出，所以一旦遇热婴儿就会有满头大汗的现象。头发较多较密会影响头皮的散热，可能会出疹子。对室温较热、经常出汗的情况，可考虑将胎毛适当时候剪短，但最好不要剃秃。每日给孩子用清水洗头，可以促进头皮代谢，预防出疹。

孩子说话口齿不清，大体上分三种情况

正常成长中的孩子，需要慢慢地学习发音和表达技巧。孩子通过不断说话来学习，口齿就会逐渐清晰。

孩子的说话器官先天有缺陷，口腔发育不完整，所以发音有障碍。这种情况比较少见。

虽然孩子生理发育正常，但心理方面有孤僻和自闭倾向。家长需要仔细观察，尽早确诊并进行专业的治疗。

孩子说话口齿不清如何引导

有时候我们会发现孩子说话口齿不是特别清楚，这要从两方面进行分析，第一方面原因是孩子说话的技巧还不够，那么就需要不断地在说话中进行学习。有的时候孩子说"姥姥"，往往会说成"脑脑"。对于孩子这样的表现，家长不要紧张，也不要笑话，平和地看待这种情况，在孩子面前清楚地去表达，孩子通过观察模仿，逐渐就能学会正确的发音和表达。这种现象占了孩子口齿不清原因中的很大一部分。

而只有少数的孩子可能是另外一个原因，就是口腔发育的问题，比如舌系带过短，那么孩子可能卷舌音就发不出来，或是孩子有唇腭裂，那么就会有发音障碍，但是这种情况是很少见的。

其实我们最怕的一个原因是最后一个，就是所谓的孤僻症，这个就需要咨询医生，给他尽早的诊断和适当的干预治疗。

早教的主要目的不是让孩子记住多少具体的知识，而是开阔视野，增加交流能力。

在早教学校，孩子有机会跟其他小朋友和老师接触，逐渐学会与人交往。

孩子在早教学校的表现，也有助于家长观察孩子的心理发育状况。

早教到底教什么

对于早教，家长们都非常关注，实际早教现在之所以盛行主要有两方面的原因，第一个方面就是家长们都想接受一个现代的教育理念，第二个就是现在家庭越来越小，接触外人的机会越来越少。

实际早教最主要的目的就是给孩子开阔一下接触的视野，让孩子有机会接触到其他的小朋友或是陌生的老师，逐渐让他打开自己交流的窗口。

早教并不是要去学习什么具体的知识，而是使孩子能够很好地接触社会，为孩子今后上幼儿园和上小学打好基础，所以家长带着孩子去早教的时候，最主要的是关注孩子早教过程中的表现而不是记住了哪些知识，家长千万要记住，早教不是教育也不是教学，而是使孩子开阔视野，增加交流的能力。

孩子出生后并没有方便时要去厕所的
意识，需要家长以身作则慢慢培养。

可以先让孩子带着尿裤直接坐在便盆上。如果家长发现孩子带着尿裤
能够坐在便盆上排便的话，再把尿裤给他摘了，让他便在便盆里。

家长需要把握时间，尽可能在家中给孩子
养成类似幼儿园的饮食起居习惯，比如：
睡觉习惯、饮食习惯、上厕所习惯等。

孩子多大可以进行如厕训练

很多家长都咨询，多大能训练孩子如厕呢？如何才能让孩子从摘了尿布到他自己能够在便盆里大小便这个过程更顺利？

实际上我们经常错过一个阶段，孩子出生后一直带着尿裤，他并不知道到哪里去大小便；所以直接便在了尿裤里。也就是说，孩子一开始没有去厕所方便的意识，等到孩子逐渐发现大人排便是去厕所的时候，家长就可以把便盆放在孩子的身边，让孩子带着尿裤直接坐在便盆上。如果家长发现孩子带着尿裤能够坐在便盆上排便的话，那么家长再把尿裤给他摘了，让他便在尿盆上。

这个过程并不难，难的是让孩子观察家长如厕的过程，孩子只有观摩以后才会知道，原来排尿排便是可以这样的，可以不排在纸尿裤里，他才能够尽可能地学习，学习后才能去实践，才能达到我们预期的效果，所以在这个过程中家长是榜样，要让孩子多观察。

预防性早熟，要从食物方面严格把关。现在很多食物中会添加一些添加剂或是催生剂等植物性固醇，也就是植物性激素，所以家长在给孩子吃的时候要特别小心。

不要给孩子吃那些过去家长没见过的性状、颜色、大小的特殊食物，要多吃一些熟悉的、有机的食物。

吃肉的时候也要注意，不要吃那些快速催熟的肉食和制作流程中添加了很多制剂的熟肉制品，这样都可以尽量避免对激素的摄入。

有些家长在孩子湿疹时不敢使用含激素的药膏，认为用激素后会影响发育，甚至引起性早熟，这些是对外用皮质激素的偏见。皮质激素可很快修复受损皮肤，防止感染和进一步损伤，恢复其完整性。

如何预防孩子性早熟

现在经常听见这样的说法，孩子因为吃了什么东西或是用了什么药物出现了性早熟，因为现在的食物中可能因为添加一些添加剂或是催生剂等植物性固醇，也就是植物性激素，所以家长在给孩子吃的时候要特别小心。

我们不要给孩子吃那些过去家长没见过的性状、颜色、大小的特殊食物，要多吃一些熟悉的、有机的食物，这样可以避免孩子进食一些含有激素比较多的食物，就可以避免孩子出现性早熟，而且在给孩子吃肉的时候也要注意，不要吃那些快速催生的肉食，这样都可以避免对激素的摄入，所以对待性早熟，主要应从食物中去把关，选择好食物，就可以避免孩子性早熟的出现。

正常的膈肌呈现驼峰状，所以当胃膨胀的时候，不太容易对膈肌造成刺激。

而婴儿的膈肌是平坦的，当喂养后胃部膨胀，就会对膈肌造成刺激，从而导致膈肌出现痉挛，也就是打嗝。

这时候给孩子喂点水可能能够缓解，有的时候却不起作用，特别是小婴儿，一打嗝会打很长的时间。

随着孩子的长大，膈肌的形状逐渐变成双驼峰状，这种现象就会减少甚至逐渐消失。

宝宝总打嗝怎么办

新生儿或是小婴儿，经常在吃奶后或是不经意间出现频繁打嗝的现象，打嗝的原因并不是在胃，而是在膈肌。也就是人体胸腹之间的肌肉。成人膈肌在正常的情况下，像是两个驼峰状，向上方膨隆的驼峰，将胸廓分开。刚出生的小婴儿膈肌是平缓的，没有这样的驼峰状隆起，所以当孩子吃完奶以后，胃部膨隆就会向上顶着膈肌，那么就会对膈肌造成刺激，从而出现打嗝的现象。医学上称之为呃逆。随着孩子的生长，孩子的膈肌就会逐渐变成驼峰状，打嗝现象就会消失。

遇见孩子打嗝时，家长可以分散孩子的精力，给孩子喝点水等方法缓解一下。有时打嗝会打很长的时间，喝水也不起作用，特别是小婴儿。这些都是良性的问题，不会对孩子的生长发育或脏器功能造成任何影响，家长不必紧张。

孩子的许多行为习惯
都是跟家长学的。

家长在跟孩子交流中，
说话和行为不要过于随
意，要为孩子树立好的
表率。

从小树立与孩子讲道理
的习惯，有助于孩子心
理的健康成长。

孩子开始撒谎怎么办

当发现孩子说谎时，家长会非常恐慌，不理解孩子为什么从小就说谎。实际上，家长应该从两方面考虑这个问题：第一方面，孩子说谎是否是由家长引导或影响出来的？比如说家长在跟孩子说话的时候是否经常心口不一？是否言而无信？是否经常无度地表扬孩子？或是有时用善意的谎言欺骗孩子？比如孩子想吃某种东西，但是你却告诉他今天因为某些原因不能吃，随口编出一些没有说服力的理由？家长讲话不思考，过于随意，孩子耳濡目染，也学会了这种讲话方式。

家长是孩子的第一任老师，是影响孩子言行心理的最主要原因。在养育孩子的过程中家长一定要实事求是，不要为孩子许诺那些根本不可能完成的事情。第二个原因就是孩子还不知道什么叫做说谎，有的时候是一种夸大的表现，但是内在并没有说谎的含义。所以家长发现孩子说谎的事情不要过于惊慌，坦率踏实地跟孩子直接交流，就可以避免孩子说谎的现象。

? 出生几天的孩子真的能长时间趴着睡吗？能拽着胳膊拽起来练劲吗，能拽着胳膊翻跟头吗？

1.婴儿可趴着睡觉，但必须在大人看护下。首先，不能以强迫趴着睡觉为目的，应顺其自然；再有，有大人看护不会出现意外。趴着睡觉不是异常状况，也不是"时髦"姿势。

2.对喜欢趴着睡觉的婴儿，可关注是否有胃肠不适状况，如肠绞痛、便秘等。所以，对待趴着睡觉，既不要诱导，也不要阻止。

3.对小婴儿没必要刻意拉伸上肢使身体离开床面；也没有必要每天必须给孩子做被动操，甚至倒立式短时悬挂等。每天洗澡后抚触，同时大人与孩子面对面友情交流。

4.清醒时鼓励婴儿趴着，利于全身肌肉和运动协调性发育。趴着时，大人要给孩子言语和行为的鼓励，提高孩子对运动的兴趣。

给孩子做被动操好吗

很多家长关心给孩子做被动操有没有好处，其实做任何的运动对孩子都有好处。做被动操的时候家长需要注意两点：第一，要跟孩子有一个眼神和语言的交流，让孩子得到很多的幸福感；第二，不要过度旋转或抻拉孩子的关节，以免受到创伤。

实际除了被动操，我们更多的是建议孩子做主动运动。在孩子清醒的时候，鼓励他多趴着，并摆好正确的体位，同时家长最好在旁边和他有眼神交流。这样既可以锻炼孩子各个肢体的运动，以及全身的协调运动，对大脑的发育也有好处。所以在主动运动的同时适当增加被动操，对孩子的发育会有非常大的好处。

一岁
八个月，精神状态很好，食欲也很好，最近每天大便次数3-5次，便便也不稀也不干，伴有食物残渣，是消化不良吗

正常婴幼儿大便次数多且含有明显的未消化食物残渣，说明消化不好。其原因主要是吃的食物性状超过其咀嚼能力。也就是说，在孩子咀嚼功能尚未健全时，进食了性状较大块的食物，不能很好消化。应积极锻炼孩子的咀嚼能力。喂饭时，大人同时咀嚼食物，用行为诱导孩子积极咀嚼。

孩子
好像不会咀嚼，总是用前面两颗牙齿，经常会噎到，怎么办？

人们不会靠前面门牙咀嚼食物。也就是说，在磨牙长出前，婴儿食物性状应是"大人咀嚼过"的食物性状。平时给孩子吃些硬食物，只是练习啃咬，不是练习咀嚼。在磨牙长出前，孩子基本就是吞食物。不过大人在给孩子喂饭时，夸张的咀嚼动作可诱导婴儿先学会咀嚼动作。

如何让宝宝锻炼咀嚼

如何让宝宝锻炼咀嚼，其实咀嚼是两个过程。第一个过程是孩子吃辅食的时候，家长就要嘴里同时嚼着食物，让孩子认为嘴里有固体食物就应该开始咀嚼，当时孩子可能还没有开始长牙，特别是还没开始长磨牙，但是孩子学会了咀嚼动作，随着孩子磨牙长成之后就可以有咀嚼的效果。所以我们在孩子具有磨牙同时具有咀嚼能力的时候，我们就可以给孩子吃块状的食物。这样孩子就会通过咀嚼把食物嚼烂，就不会噎着或呛到气管内。

如果我们不去锻炼孩子的咀嚼能力，孩子即便有了牙齿也不知道牙齿是做咀嚼用的，仍然是生吞块状食物，造成营养吸收不良，或者是吐出来不能吞咽，所以大家一定要记住，咀嚼加出牙两个都不可缺少。

宝宝快14个月了，25斤，长有8颗牙齿，不会自己嚼饭，还在吃流食，稍微稠点的烂粥也会卡到呕吐。听有经验的老人说他这种孩子就是嗓子眼细，喂饭的时候我也有示范咀嚼，该怎么办？

只有8颗牙还谈不上嚼食物，应该只会啃食物。对没有磨牙的婴幼儿，还只能接受小颗粒状食物，类似成人牙齿咀嚼过的性状。但并不意味，不进食块状食物，婴幼儿就不应学会嚼的动作。只要给孩子喂饭时，大人也嚼食物，哪怕是口香糖，都会诱导孩子学会咀嚼。这是日积月累言传身教的结果。

孩子睡觉磨牙是种病吗

过去认为，孩子磨牙是因为肠道内存在寄生虫，其实，并不是这样的情况。孩子磨牙是由两方面原因引起的，第一是因为孩子牙齿的咬合不好，发育不够整齐，所以在孩子咀嚼、呼吸或是平行运动中牙齿都可能出现摩擦，从而导致一种特别刺耳的声音。孩子夜间睡眠的时候，发生口腔的运动，发出磨牙的声音，跟缺乏营养素没有什么关系，更不要因为我们找不到原因，就把这种现象归咎于缺钙，缺锌或是缺乏其他的微量元素上。另一个就是因为口腔肌肉的问题，如果肌肉发育不是很成熟，那么在口腔的运动过程中也会发生一些横向的运动，导致孩子出现磨牙。

磨牙本身并不是疾病，家长不用着急，磨牙的过程也是孩子逐渐成熟的过程，其实我们很多大人也会有磨牙的现象，如果有这样的现象，可以去口腔科看一看，让医生检查一下是否有牙齿十分不整齐的现象，对严重磨牙的孩子，我们可以给孩子戴上牙套来避免。家长千万不要把所有不明白

给宝宝用牙胶到底好不好?

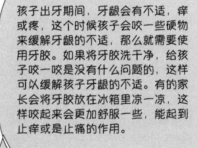

孩子出牙期间,牙龈会有不适,痒或疼,这个时候孩子会咬一些硬物来缓解牙龈的不适,那么就需要使用牙胶。如果将牙胶洗干净,给孩子咬一咬是没有什么问题的,这样可以缓解孩子牙龈的不适。有的家长会将牙胶放在冰箱里凉一凉,这样咬起来会更加舒服一些,能起到止痒或是止痛的作用。

的原因都归结于缺钙和缺维生素。再有孩子面部肌肉我们可以通过训练他的咀嚼能力来锻炼，等咀嚼的动作好了以后，磨牙的现象也就会减轻，家长不要认为孩子磨牙是孩子缺这个、少那个、肚子里有虫等，其实这是正常的现象。

宝宝早上睡醒眼皮有点肿，这是什么原因造成的呢？

这可能与孩子的睡眠姿势有关。因为眼皮这个部位组织相对疏松，趴着睡觉或是侧位睡觉的时候会使一些体液堆积在这里，醒后做些活动，那么眼皮处堆积的体液又会重新分布在其他的地方。如果孩子仰卧（平躺）睡觉出现眼皮肿，家长可以给孩子留取晨尿送到医院去检查。如果尿常规检查发现尿里并没蛋白的沉积或其他问题，家长就没有必要太过担心。

睡姿与头部的发育

　　许多家长对于孩子的睡姿非常关注，担心影响到孩子的头部发育或是呼吸系统。婴儿睡觉姿势有平躺、趴着睡、侧睡等姿势。家长大多数认为平躺睡姿最为安全。但需要注意的是，如果孩子平躺着是头部经常偏向某一侧，会造成偏头／歪头，继发脸部、双眼、耳位不对称，不仅影响外表，还会引起五官发育走形。如果发现孩子头部偏向一侧，首先寻找引起偏头的原因——斜颈、睡姿、颅缝早闭、宫内胎儿体位等原因，其中斜颈较常见。此时家长应该带孩子看医生确定原因，再考虑纠正。若有斜颈，必须进行患侧颈部胸锁乳突肌按摩、伸拉，结合俯卧抬头和大人看护下的俯卧侧头睡觉。若6个月仍不见效，需定制矫正头盔。

　　许多婴儿都有趴着睡的习惯。小婴儿在清醒状态下，还是鼓励孩子多趴着。趴着不仅对腰背部肌肉发育有很大的帮助，而且还会促使孩子全身平衡发育，对孩子今后的坐、站、走都有极大的帮助，千万不要担心趴着会压迫孩子的心

宝宝
两个多月，一直左右侧睡，现在头两边窄前后长，请问舟状头和睡姿有关系吗？小孩到底什么样的睡姿才是最正确的？

对待婴儿头型，首先考虑"对称"。不论是平卧，还是侧卧，一定观察头型是否对称。最常见的是偏头、歪头，引发原因多是斜颈。如果婴儿生后喜趴着睡觉，头侧卧为常态，容易出现头前后径明显长于左右径。是否需要通过平躺睡眠改变头型，完全取决于家长对头型的认识。建议多种姿势睡眠。

脏和肺。

有些报道说，孩子趴着睡觉可能会出现窒息，家长为了避免这些事情在家长看护的情况下，如果孩子愿意，可以适当地趴着睡，如果夜间的话让孩子平躺过来，避免出现窒息的问题；再有，在还在趴着的时候，或者睡觉的时候同样如此。孩子的头的周围，尽可能不要有塑料袋儿等东西，以免出现窒息的可能。

婴儿睡眠姿势确实可影响头型，但是哪种头型"好"，并没有标准答案。家长不必刻意追求所谓完美头型。作为医生，我建议首先应保证不要有偏头 / 歪头。如果发现，及时就诊，针对斜颈等问题可及时干预并纠正。多种睡眠姿势利于预防偏头 / 歪头，不要刻意固定婴儿睡眠体位，而一味追求某种头型。

孩子5个多月，睡觉老是趴着，刚入睡的时候总是来回扭动。是有哪里不舒服吗？

婴儿喜欢趴着睡，多是因胃肠不适，主要见于婴儿肠绞痛。趴着可有效缓解腹部不适。首先，家长不要担心，只要在大人看护下，趴着睡不会损伤婴儿。再有，如果伴有频繁哭闹，在请教医生后，考虑服用西甲硅油、益生菌。还有，顺时针按摩腹部也有一定效果。如上述措施无效，要考虑牛奶过敏问题。

孩子趴着睡会影响发育吗

很多家长都担心趴着睡对孩子会有影响，有的担心会给孩子的心肺造成额外的负担，有的担心会影响孩子的胸廓发育，其实家长完全没有必要担心，趴着睡和躺着睡其实是没有本质的区别的，这只是两种完全不同的睡觉姿势而已。

不管是孩子趴着玩还是趴着睡觉，其实都是有利于孩子颈背部发育的，而且如果孩子有偏头的话，趴着睡还有利于孩子偏头的纠正。我们更多的是建议孩子多种姿势睡觉，比如说夜间睡觉可以平躺着，白天可以趴着玩，如果趴累了就可以侧身睡觉，这样不会影响孩子的发育，所以家长应该知道，并没有绝对正确的睡眠姿势，多种交换是对孩子最好的。

很多家长担心孩子趴着睡会引起窒息，会增加对心肺的压迫，其实这个是不用担心的，是否会引起窒息跟几方面的原因有关系。

趴着睡注意事项：

孩子趴着睡的时候，周围不能有衣物、被褥、纸张等堆积，以免堵住鼻嘴引起窒息。

孩子，特别是3个月以下婴儿趴着睡觉，大人要保持清醒，留意孩子睡觉时可能出现的身体变化。

夜间大人要熟睡的时候，要让孩子平躺睡觉。

第一点是周围的物品，孩子趴着睡觉的时候周围并不能有很多的物品，比如说尿布、袋子等，如果这些东西堵住孩子的鼻子和嘴，就容易出现窒息；第二点是，跟孩子睡觉的时候大人在做什么有关系。如果家长是清醒的，那么孩子一旦出现不适的时候家长能马上发现；第三点是与孩子的年龄有关系，如果孩子已经超过了3个月大，那么他趴着睡觉是一点问题都没有的，3个月之内的孩子需要在大人的监护下才行。

　　所以大人要注意，如果是大人本身夜间要熟睡的时候，要让孩子平躺着睡觉，如果大人本身是清醒的情况下，那么孩子怎么睡都没有关系。

健康宝宝应该是怎么样的？

我认为健康宝宝：

1. 能保持自然生活规律；
2. 进食规律且主动接受或自行进食；
3. 生长过程符合儿童生长曲线所示；
4. 运动功能与年龄相符；
5. 接受新玩具等新事物能力强；
6. 语言发育符合同年龄儿童；
7. 明显区别熟人与陌生人，且与陌生人接触分寸得当。
以上几点可评价6个月以上儿童。

142

如何培养孩子的专注力

很多家长担心2岁的孩子不够专注。因为孩子不能专注读书，读书时间通常不超过3~5分钟。孩子对事情的专注时间有限或容易分散注意力，这是发育过程中的正常表现。

实际上我们仔细观察就会发现，孩子对身边所有的新鲜事物都十分的感兴趣，他在努力尝试，这说明孩子是在动脑子。只是可能在3~5分钟之内，就会转移注意力，去关注另外的事情。

其实2岁的孩子，能够有很广泛的兴趣就非常好了，家长不要刻意去关注孩子做的每一件事情，而是尽可能给孩子创造更多的机会，让他们关注更多的事情，从更多的事情上会发现，孩子对待某一些事物的专注性更强、反复性更强。这样也会利于家长发现孩子的兴趣、特点，来个性化的培养孩子。

所以，千万不要认为只是专注看书才叫专注性。其实，从孩子很多兴趣中都能看出他的特征是什么，按特长培养孩子，才能培养出优秀的人才。

孩子长牙发烧怎么办？

孩子出生大约满6个月后开始出牙，出牙时会触碰牙龈内部组织中很多细小的神经，从而使孩子感觉不适。表现为经常咬东西、抠牙、甚至会有较低幅度的体温增高，但是无论如何，不会造成孩子特别严重的反应。如果出牙过程中体温超过39度，或者孩子昼夜哭闹不安，这些不要考虑和出牙本身有关，应该考虑有其他问题。所以家长不应认为孩子在出牙过程中出现的任何不适都和出牙有关，虽然萌牙的过程对孩子会有刺激，但刺激都比较轻微，不足以到医院去治疗的地步。因此家长遇到特别严重的情况，应该请教医生寻找原因。

乳牙有点歪需要去管吗

　　孩子刚出牙的时候，因为只有一两颗甚至三四颗牙，可能会有点随意，长的会有点偏歪，牙缝之间的距离也比较大，所以家长们会非常着急，实际上家长着急也没有用。主要是孩子自己多长几颗牙以后，牙齿相互之间会有一个制约，这样牙就会变得比较正。

　　但是当长出多颗牙以后，孩子的牙仍可能会歪，那么只能等孩子长大一些进行牙齿的矫形，所以家长即使着急也没有用，也不能自行给他进行纠正，所以家长不要过于焦急，等待孩子的发育。其实绝大多数情况下，等孩子的牙都长出后，相互之间有个制约，那么就会变得非常的整齐，所以家长要知道，有些事情我们只能任其发展，进行观察，着急对孩子是没有好处的。

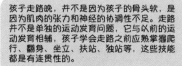

孩子走路晚是什么原因？

孩子走路晚，并不是因为孩子的骨头软，是因为肌肉的张力和神经的协调性不足。走路并不是单独的运动发育问题，它与以前的运动发育相辅，孩子学会走路之前应熟掌握爬行、翻身、坐立、扶站、独站等，这些技能都是有连贯性的。

O型腿长大了会变直吗？

O型腿的宝宝长大后是否能够自行好转，应在专业的儿童骨科医生检查下，综合考虑孩子的年龄、生长发育等多方面的因素。最终决定是给予孩子继续观察，还是选择进行干预治疗，这应由医生决定。

宝宝出生时左足有点外翻，需要矫正吗？

由于子宫空间有限和胎儿姿势，出生时会有一些被"挤压"形成的问题，比如斜颈、马蹄内翻足等等。这些小问题及时纠正，很多时候愈后非常好。建议找儿童骨科进行确诊，获得最佳的早期治疗。

什么时候开始给孩子穿鞋

婴儿能自己扶站时，就应考虑给孩子穿鞋了，因为在孩子学会站的时候跟成人不一样，孩子站的时候五个脚趾分开是吃力的，这样不利于今后的行走。如果我们给孩子穿了鞋子以后，孩子的五个脚趾是并拢的，这样有利于孩子今后对行走的学习。对于已能自己行走的婴儿，更应穿鞋，不仅利于形成正常走路姿势，而且也利于足弓发育。

至于给孩子穿什么样的鞋子比较好呢？我们建议家长可选择薄底、鞋面稍软的鞋，其目的是帮助婴儿掌握站立时脚趾和脚掌的正确位置，这样利于以后走路时脚的姿势正常自如。但鞋底不要太软，还要注意不要给孩子穿过大或者过小的鞋，尺寸合适很重要。

这主要是因为孩子正处在生长发育的过程中，关节腔比较松的原因。只要孩子并没有什么痛苦的表情，不会影响他任何的活动，这就说明了这只是一个正常的生理发育过程，家长不要紧张，只需耐心的等待，待孩子韧带、肌肉、骨骼发育得相对强壮一些的时候，这种现象自然的就会好转了。

宝宝抱起来关节有声音，是缺钙吗？

如果10个月婴儿还不会爬，应该带孩子到医院检查，确定神经和下肢肌肉发育是否有问题。如果婴儿爬得不够"标准"，即不是手膝爬，可以多给孩子练习爬的机会。如果孩子不喜欢爬，而只想站，说明发育没什么问题。但还是尽可能创造机会多让孩子爬。

宝宝十个多月了还不会爬，会不会有问题？

五个月婴儿应可翻身、翻回，且有爬的意图。双腿可趴着时弯曲，并试图伸直。若还不能翻身，还不能很好趴着，就应到医院检查是否有运动发育异常。下肢关节运动时出现声响，要排除是否有髋关节发育不良等问题。建议先去小儿神经科检查；再去小儿骨科排除髋关节异常。发现问题及时治疗。

5个月宝宝腿无力且关节响是怎么了？需要做什么检查？

孩子总生病，怎么提高抵抗力呢

免疫力分为先天性和获得性。先天性免疫来自皮肤等机械防御、胃酸等化学和生物化学成分、母乳等喂养途径和营养物质；获得性免疫是婴儿生后逐渐发育、成熟的，来自感染性疾病、预防接种和肠道菌群。以此看来，正规预防接种、小病时不盲目用药、不要消毒生活环境，对提高婴幼儿抵抗力至关重要。

孩子还可以锻炼和提高抵抗力，比如：

1.自然分娩和母乳喂养。生后尽快吸吮乳房，尽早接触细菌。

2.按时预防接种，接受灭活、减毒等"病菌"的刺激。

3.生活环境不要过于干净。平时不断接触少量细菌，利于免疫系统成熟。不要使用消毒剂和含消毒剂的清洗液或擦手巾等。

4.生病时合理选用抗生素。

● 孩子掉头发是因为头发本身在不断地生长和更替，颜色也会由黑转黄再转黑。

孩子头发的多少，跟家族遗传有关。家长头发的状况，就是孩子未来头发的状况。

● 家长不要过于频繁地给孩子洗头，使用洗发水时控制好剂量。

宝宝掉头发是什么原因

其实对于宝宝掉头发的问题，家长不要过于紧张。孩子出生时本身的毛发为胎毛，都会在生长的过程中不断地被更替。

其实人的头发就是在不断更替中生长，头发并不是仅仅在不断地生长，还要不断地更替，所以家长要知道孩子出生后肯定是会有这样的一个过程，刚开始的时候头发很多，到后来会逐渐地减少，然后又会逐渐地生长，孩子到 2、3 岁的时候，逐渐跟成人接近。除了多少，头发还可能有由黑转黄再转黑的过程。

头发的多少，跟家族遗传有很大的关系，所以家长不要过于紧张，家里人头发的情况，基本上就是孩子未来头发的情况。孩子现在头发掉的比较多的原因，可能是与家长频繁地给孩子洗头并用洗发水有关，所以家长给孩子使用洗发水的次数不要过多，并控制好剂量。

2岁男孩体重11kg，身长76cm，他的体型是否匀称？

0~2岁男童身长别体重百分位曲线
（在图上有该男孩的匀称度坐标。）

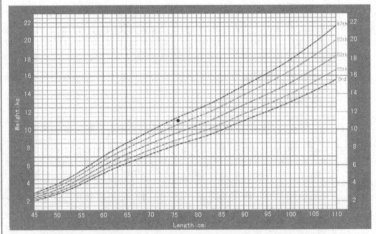

可将实际测量值与参考人群值比较，以等级表示结果。如图所示这位小朋友的相交点超过50%百分位以上，说明他的体重偏重。

什么是匀称度

匀称度是对发育指标间关系的评价，也就是体型或身材匀称与否的指标，它包括两个项目：身高别体重（W/L）和体质指数（BMI）。

身高别体重是指一定身高相应的体重增长范围。将孩子的身高、体重放到生长曲线去比较。如果相交点落于50%百分位，说明身高、体重的增长非常合适，也就是体型非常匀称；如果超过50%，说明体重偏重；如果低于50%说明体重偏轻。

成人可采用体质指数（BMI）作为体型的指标。BMI可用于估算超重和肥胖，但只作为有效的筛查工具，而不是诊断工具。对儿童而言，BMI具有年龄和性别特异性，所以需要使用生长曲线进行测量。

BMI的计算方法：

体质指数（BMI）= 体重 (kg)/[身高 (m)]^2

= [体重 (kg)/ 身高 (cm)/ 身高 (cm)]　×　10,000

例如：男童的体重 =16.9 kg

　　　　　身高 =105.4 cm

那么，他的体质指数的计算应为：

BMI = [16.9 kg / 105.4 cm / 105.4 cm]　×　10,000

　　= 15.2

BMI 评判标准：

BMI> 95th 百分位，属于超重；BMI 在 85th ~ 95th 百分位之间，属于可疑超重；BMI < 5th 百分位，体重过低。

附录

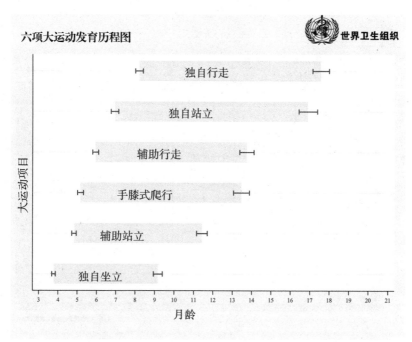

六项大运动发育历程图 　　世界卫生组织

参考：世界卫生组织多中心研究小组：世界卫生组织运动发育研究：六项大运动发育历程。Acta Paediatrica Supplement 2006;450:86–95.

体重与年龄曲线（男童）
0~5岁（百分位）

世界卫生组织

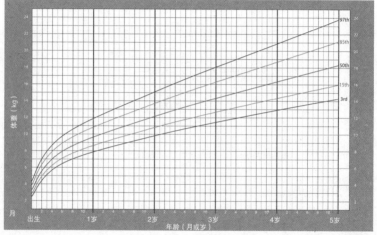

世界卫生组织儿童生长标准

156

身长/身高与年龄曲线（男童）
0~5岁（百分位）

世界卫生组织

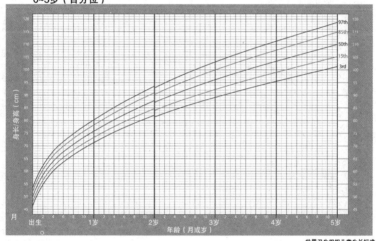

世界卫生组织儿童生长标准

头围与年龄曲线（男童）
0~5岁（百分位）

世界卫生组织

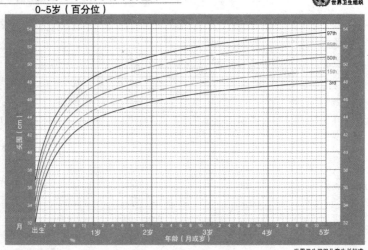

世界卫生组织儿童生长标准

158

体质指数与年龄曲线（男童）

0~5岁（百分位）

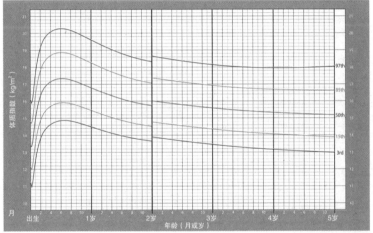

世界卫生组织儿童生长标准

体重与年龄曲线（男生）
5~10岁（百分位）

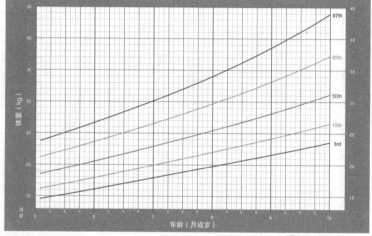

世界卫生组织参考2007

身高与年龄曲线（男生）
5~19岁（百分位）

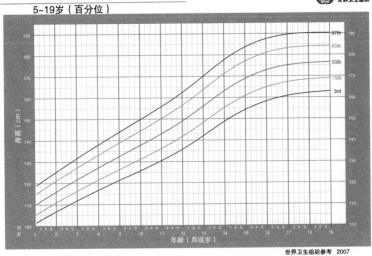

体质指数与年龄曲线（男生）

5~19岁（百分位）

世界卫生组织

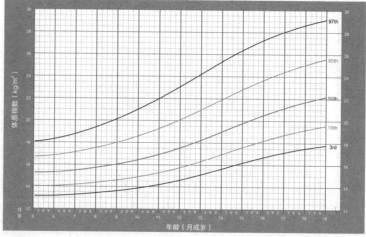

世界卫生组织参考 2007

162

体重与年龄曲线（女童）
0~5岁（百分位）

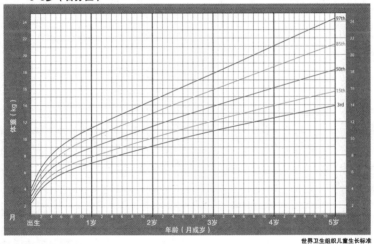

世界卫生组织儿童生长标准

身长/身高与年龄曲线（女童）
0~5岁（百分位）

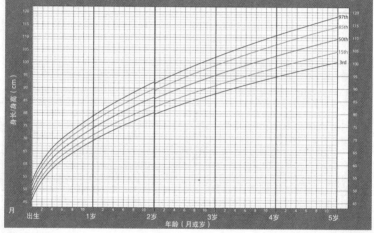

世界卫生组织儿童生长标准

头围与年龄曲线（女童）
0~5岁（百分位）

世界卫生组织

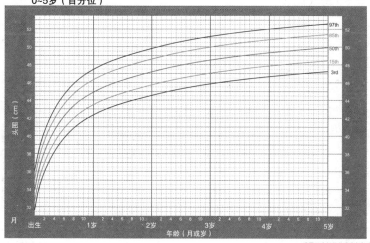

世界卫生组织儿童生长标准

165

体质指数与年龄曲线（女童）

0~5岁（百分位）

世界卫生组织

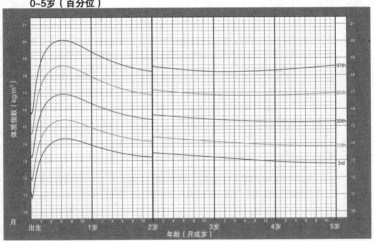

世界卫生组织儿童生长标准

166

体重与年龄曲线（女生）
5~10岁（百分位）

世界卫生组织

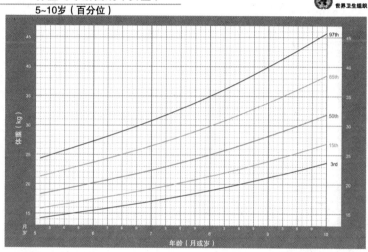

世界卫生组织参考 2007

身高与年龄曲线（女生）
5~19岁（百分位）

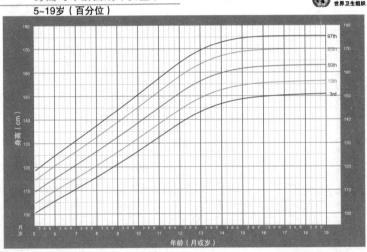

世界卫生组织参考 2007

体质指数与年龄曲线（女生）
5~19岁（百分位）

世界卫生组织

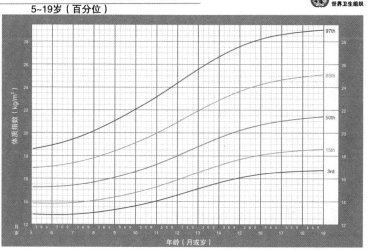

世界卫生组织参考 2007

图书在版编目（CIP）数据

崔玉涛图解家庭育儿：口袋版 / 崔玉涛 著 . —北京：东方出版社，2018.11
ISBN 978-7-5207-0583-7

Ⅰ.①崔… Ⅱ.①崔… Ⅲ.①婴幼儿—哺育—图解 Ⅳ.① TS976.31-64

中国版本图书馆 CIP 数据核字（2018）第 211264 号

崔玉涛图解家庭育儿：口袋版
（ CUIYUTAO TUJIE JIATING YU'ER: KOUDAIBAN ）

作　　者：崔玉涛
策 划 人：刘雯娜
责任编辑：郝　苗　杜晓花
出　　版：东方出版社
印　　刷：小森印刷（北京）有限公司
版　　次：2018 年 11 月第 1 版
印　　次：2018 年 11 月第 1 次印刷
开　　本：889 毫米 ×1194 毫米　1/40
印　　张：42.5
字　　数：1279 千字
书　　号：ISBN 978-7-5207-0583-7
定　　价：268.00 元（共十册）
发行电话：（010）85800864　13681068662
